KOPF + NUSS

Hugo Steinhaus

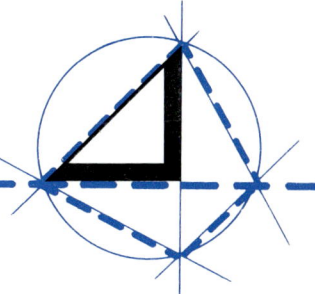

STUDENTEN-

FUTTER

100 Aufgaben für Mathe-Feinschmecker

Urania-Verlag Leipzig · Jena · Berlin

Originaltitel STO ZADAŃ
© Państwowe Wydawnictwo Naukowe, Warschau 1958
Ins Deutsche übertragen von Horst Antelmann und Ludwig Boll,
wissenschaftliche Bearbeitung von
Dr. rer. nat. habil. Ernst Hameister, Möser b. Burg;
die Übersetzung wurde von Prof. Dr. Steinhaus durchgesehen und
autorisiert.

CIP-Titelaufnahme der Deutschen Bibliothek

Steinhaus, Hugo:
Studentenfutter : 100 Aufgaben für Mathe-Feinschmecker /
Hugo Steinhaus. [Ins Dt. übertr. von Horst Antelmann und
Ludwig Boll. Wiss. Bearb. von Ernst Hameister. Die Übers.
wurde von Prof. Dr. Steinhaus durchges. und autoris. Zeichn.:
Gerhard Pippig]. – 1. Aufl. – Leipzig ; Jena ; Berlin : Urania-
Verl., 1991
(Kopf + Nuss)
Einheitssacht.: Sto zadań ⟨dt.⟩
ISBN 3-332-00478-6
NE: Hameister, Ernst [Bearb.]

ISBN 3-332-00478-6

1. Auflage 1991
Alle Rechte für die deutschsprachige Ausgabe
© Urania Verlagsgesellschaft mbH, Leipzig
Urania-Verlag Leipzig · Jena · Berlin, 1968
Zeichnungen: Gerhard Pippig †
Typographie: Hans-Jörg Sittauer/Peter Mauksch, Leipzig
Einbandgestaltung: Heinz Kraxenberger, München
Satz und Druck: Interdruck Leipzig GmbH
Printed in Germany

Zum Geleit

Liebe Kopf + Nuß-Genießer!

Bevor man den Becher leert, sollte man der Quelle gedenken, meinte einst ein weiser Chinese. Wie wahr!

Hugo Dyonizy Steinhaus wurde am 14.1.1887 in Jaslo geboren. Mathematik studierte der junge Pole in Göttingen, im damaligen Mekka der Mathematiker und Physiker. Zu seinen Lehrern gehörte ein unstreitiger Superstar: David Hilbert – er stellte unter anderem so etwas wie einen Spielplan für die Mathematik des 20. Jahrhunderts auf (die 23 Hilbertschen Probleme), bei dessen »Aufführung« Steinhaus später eine Rolle spielen sollte. Unser Autor hat dabei nicht nur das hohe Niveau gehalten, sondern ein klein wenig mehr dazulegen können. Glücklich, wer das von seinem Lebenswerk sagen kann!

Ab 1920 war Steinhaus Professor für Mathematik an der Universität Lwow. Sein fachliches Verdienst – das wollen wir für Insider anfügen – liegt auf dem Gebiet der Funktionalanalysis, dem Refugium seines berühmten Landsmannes Banach.

Hugo Steinhaus starb am 25.2.1972 in Wrocław.

Der weltweiten Gemeinde der Rätselfreaks und Denksportfans hat sich Steinhaus mit mehreren Büchern zur Unterhaltungsmathematik empfohlen. Sie erschienen in sage und schreibe 12 Sprachen. Er verfaßte sie in der tristen, aber hoffnungsvollen Atmosphäre der Nachkriegszeit, einmal ganz praktischen Erwägungen folgend: Steinhaus mißtraute den Lehrern; zum zweiten aber ahnte er wohl auch, daß die Mathematik als Kulturströmung die zweite Hälfte des Jahrhunderts dominieren würde. Und zum dritten (der beste Grund ist immer der dritte!) trieb ihn ein inneres Bedürfnis zur »mathematischen Kleinkunst«: »Erwachsene, sogar wenn sie Mathematiker sind, müssen auch manchmal spielen, sonst wäre ihr Leben viel zu eintönig.«

In unserem Verlagshaus erschien 1968 die deutsche Ausgabe von Steinhaus »100 Aufgaben«. Wir bieten sie Ihnen unter neuem Titel nach über zwanzig Jahren erneut an. Der Grund? Das Buch ist jung geblieben, so jung wie Steinhaus' literarisches Credo: »1. Der Gegenstand der Mathematik ist die Wirklichkeit, kein Hirngespinst. 2. Die Mathematik fast universell: kein Ding ist ihr fremd.«

Ein besseres Programm können wir uns für die mathematischen Editionen unserer Reihe »Kopf + Nuß« nicht wünschen, meinen Sie nicht auch?

»Studentenfutter« wird Ihnen nach dem Willen und Können seines Schöpfers helfen, den gähnenden Abgrund zwischen elementarer und höherer Mathematik spielend zu überwinden. Da sind wir sicher!

Ihr
Konrad Haase

AUFGABEN

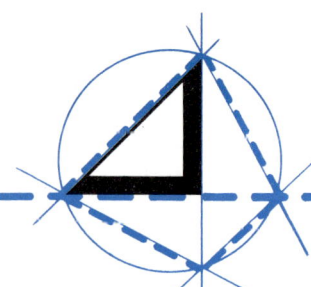

I. Von Zahlen, Gleichungen und Ungleichungen

1. Eine Übungsaufgabe zum Einmaleins

Wir bilden eine Ziffernfolge nach folgender Vorschrift:
Die erste Ziffer sei 2 und die zweite 3. Aus

$$2 \cdot 3 = 6$$

folgt als dritte Ziffer 6. Da

$$3 \cdot 6 = 18$$

ist, sei die vierte Ziffer 1 und die fünfte 8. Nun ist

$$6 \cdot 1 = 6 \text{ und } 1 \cdot 8 = 8,$$

daher sei die sechste Ziffer 6, die siebente 8 usw.
Bisher haben wir also die Ziffernfolge

$$2 \underbrace{} 3 \underbrace{} 6 \underbrace{} 1 \underbrace{} 8 \; 6 \; 8 \; \ldots$$

erhalten. Die Häkchen unter den Ziffern deuten jeweils die bereits ausgeführte Multiplikation an, deren Ergebnis hinter die letzte Ziffer der Folge geschrieben wurde. Beispielsweise hätten wir jetzt 8 mit 6 zu multiplizieren und die Ziffern des Ergebnisses, nämlich 4 und 8, hinzuzuschreiben. Unsere Ziffernfolge läßt sich beliebig fortsetzen, da jedes Produkt zweier vorangegangener Ziffern mindestens eine einstellige, häufig aber schon eine zweistellige Zahl ist. Man beweise, daß in dieser Folge die Ziffern 5, 7, 9 nicht auftreten.

2. Proportionen

Die Zahlen A, B, C, p, q, r seien durch die Beziehungen

$$A : B = p, \; B : C = q, \; C : A = r$$

miteinander verknüpft.

8

Man schreibe die folgende fortlaufende Proportion auf:

$$A : B : C = \square : \square : \square$$

Dabei sollen in den Leerstellen $\square$ Ausdrücke in p, q, r so eingesetzt werden, daß diese durch zyklische Vertauschung der Buchstaben p, q, r auseinander hervorgehen. (Das ist so zu verstehen: Aus dem ersten Ausdruck $\square$ wird der zweite und aus dem zweiten der dritte Ausdruck erhalten, wenn man p durch q, q durch r, r durch p ersetzt.)

3. Verteilung von Zahlen

Man bestimme zehn Zahlen $x_1, x_2, \ldots, x_{10}$ derart, daß
1) die Zahl x_1 in dem abgeschlossenen Intervall $[0,1]$ liegt,
2) die Zahlen x_1 und x_2 in verschiedenen Hälften des Intervalls $[0,1]$ liegen,
3) jede der Zahlen x_1, x_2, x_3 in einem anderen Drittel des Intervalls $[0,1]$ liegt,
4) jede der Zahlen x_1, x_2, x_3, x_4 in einem anderen Viertel des Intervalls $[0,1]$ liegt usw. und schließlich
5) jede der Zahlen $x_1, x_2, \ldots, x_{10}$ in einem anderen Zehntel des abgeschlossenen Intervalls $[0,1]$ liegt.

4. Eine interessante Eigenschaft von Zahlen

Wir schreiben eine beliebige natürliche Zahl im Dezimalsystem hin (etwa 2583) und berechnen die Summe der Quadrate ihrer Ziffern: $2^2 + 5^2 + 8^2 + 3^2 = 102$. Mit der so erhaltenen Zahl verfahren wir ebenso und finden $1^2 + 0^2 + 2^2 = 5$. Setzen wir dieses Verfahren fort, so erhalten wir

$$5^2 = 25,\ 2^2 + 5^2 = 29,\ 2^2 + 9^2 = 85, \ldots, \text{usw.}$$

Man beweise: Führt dieses Verfahren nicht auf die Zahl 1 (offenbar würde sich dann die 1 unendlich oft wiederholen), so gelangt man unweigerlich einmal zur Zahl 145, und dann wiederholt sich stets der Zyklus

$$145,\ 42,\ 20,\ 4,\ 16,\ 37,\ 58,\ 89.$$

5. Teilbarkeit durch 11

Man beweise, daß für jede natürliche Zahl k die Zahl

$$5^{5k+1} + 4^{5k+2} + 3^{5k}$$

durch 11 teilbar ist.

6. Teilbarkeit von Zahlen

Die Zahl

$$3^{105} + 4^{105}$$

ist teilbar durch 13, 49, 181 und 379, aber nicht durch 5 und durch 11. Wie beweist man das?

7. Irrationalität einer Wurzel

Man beweise auf elementarem Weg, daß die positive Wurzel der Gleichung

$$x^5 + x = 10$$

irrational ist.

8. Eine Abschwächung der Fermatschen Vermutung

Sind x, y, z und n natürliche Zahlen und ist $n \geqq z$, so kann die Beziehung $x^n + y^n = z^n$ nicht gelten.

(Die Fermatsche Vermutung besagt allgemeiner, daß die Gleichung $x^n + y^n = z^n$ keine Lösung in positiven ganzen Zahlen x, y, z besitzt, wenn n eine natürliche Zahl größer als 2 ist.)

9. Eine Ungleichung

Man beweise die Ungleichung

$$\frac{A + a + B + b}{A + a + B + b + c + r} + \frac{B + b + C + c}{B + b + C + c + a + r}$$
$$> \frac{C + c + A + a}{C + c + A + a + b + r},$$

in der alle Buchstaben positive Zahlen bedeuten.

10. Symmetrische Ausdrücke

Ausdrücke wie $x + y + z$ oder xyz nennt man symmetrisch. Ihr Wert ändert sich nicht, wenn man die Veränderlichen x, y, z beliebig vertauscht. Die oben angegebenen Beispiele sind trivial. Es existieren aber Ausdrücke, deren Symmetrie nicht so einfach zu erkennen ist, wie etwa

$$| x - y | + | x + y - 2z | + | x - y | + x + y + 2z.$$

Man beweise, daß dieser Ausdruck symmetrisch ist, und forme ihn so um, daß seine Symmetrie sofort in die Augen fällt.

11. Anordnung von Buchstaben

Den Buchstabenkomplex $a\,a\,b\,b\,c\,c$ kann man auf 90 verschiedene Weisen anordnen. Aus $a\,a\,b\,c\,b\,c$ kann man die Anordnung $a\,a\,c\,b\,c\,b$ erhalten, indem man c an Stelle von b und b an Stelle von c schreibt; aus $a\,a\,c\,b\,c\,b$ kann man $b\,c\,b\,c\,a\,a$ erhalten, indem man die Reihenfolge umkehrt, und aus dieser Anordnung erhält man durch Buchstabenvertauschung $a\,c\,a\,c\,b\,b$ usw. Alle diese Anordnungen, wie $a\,a\,b\,c\,b\,c$, $a\,a\,c\,b\,c\,b$, $b\,c\,b\,c\,a\,a$, $a\,c\,a\,c\,b\,b$, betrachten wir als nicht wesentlich verschieden. Anordnungen jedoch wie beispielsweise $a\,a\,b\,c\,b\,c$ und $a\,b\,c\,b\,c\,a$ sehen wir als wesentlich verschieden an, da man weder durch Buchstabenvertauschung noch durch Umkehrung der Reihenfolge, noch durch wiederholte Ausführung dieser Operationen den einen Buchstabenkomplex in den anderen überführen kann.

Unsere Frage lautet: Wieviel wesentlich verschiedene Anordnungen des Buchstabenkomplexes $a\,a\,b\,b\,c\,c$ gibt es?

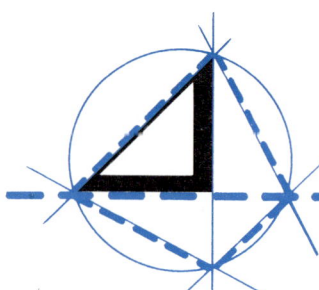

II. Punkte, Polygone, Kreise und Ellipsen

12. Punkte in der Ebene

In der Ebene seien mehrere Punkte gegeben. Jeden von ihnen verbinden wir mit dem nächstgelegenen Punkt durch eine Gerade. Alle Abstände seien verschieden. Daher ist eindeutig, welcher Punkt jedem Punkt am nächsten liegt. Man zeige: Die entstehende Figur enthält weder ein geschlossenes Polygon* noch sich schneidende Strecken.

13. Dreiecke

In der Ebene seien $3n$ Punkte (n sei eine natürliche Zahl) gegeben, von denen keine drei auf einer Geraden liegen. Kann man aus diesen Punkten (wenn man sie als Ecken nimmt) n Dreiecke bilden, die keine Punkte gemeinsam haben und nicht ineinander enthalten sind?
Eine ähnliche Aufgabe kann man bei $4n$ Punkten für Vierecke, bei $5n$ Punkten für Fünfecke usw. formulieren. Sind alle Aufgaben lösbar?

14. Eine Aufgabe über Dreiecks-Netze

Die ganze Ebene kann mit einem Netz aus gleichseitigen Dreiecken überdeckt werden (sog. Parkettierung).

* Ein ebenes Polygon (Vieleck) stellt einen Streckenzug P_1, P_2, P_3, ..., P_n dar. Ist $P_1 = P_n$, so heißt das Polygon geschlossen. Liegen alle Ecken des Polygons von einer Seite des Polygons (etwa P_2P_3) aus gesehen in einer Halbebene, in die die Ebene von einer Geraden durch die betreffende Seite (P_2P_3) zerlegt wird, so nennt man das Polygon konvex. Nur bei diesen liegen alle Verbindungsgeraden je zweier Punkte ganz im Innern dieses Vielecks.

12

Läßt sich in jedem Knoten dieses Netzes ein Plus- bzw. ein Minuszeichen so anbringen, daß in jedem Dreieck des Netzes die folgenden Bedingungen erfüllt sind: Wenn an zwei Ecken eines Dreiecks das gleiche Zeichen steht, dann steht an der dritten Ecke das Pluszeichen; sind die Zeichen entgegengesetzt, so steht an der dritten Ecke das Minuszeichen. Natürlich könnte man überall Pluszeichen anbringen, aber diese triviale Lösung wollen wir außer acht lassen.

15. Noch eine Aufgabe über Dreiecks-Netze

Man zeige: Die ganze Ebene läßt sich nicht derart mit einem Netz von Dreiecken überdecken, daß in jeder Ecke fünf Dreiecke aneinanderstoßen.

16. Untersuchung eines Winkels

Durch die positiven Zahlen $x_1, x_2, \ldots, x_n$ werden gewisse Strecken bestimmt. Wir wählen in der Ebene eine Halbgerade OX und tragen darauf die Strecke $OP_1 = x_1$ ab. Alsdann werden senkrecht zu OP_1 die Strecke $P_1P_2 = x_2$, weiter senkrecht zu OP_2 die Strecke $P_2P_3 = x_3$ usw. bis $P_{n-1}P_n = x_n$ gezeichnet. Dabei seien die rechten Winkel so orientiert, daß ihre linken Schenkel durch den Punkt O gehen. Man kann annehmen, daß die Halbgerade OX sich um den Punkt O aus der ursprünglichen Lage durch die Punkte P_1, P_2, ... bis zur Endlage OP_n dreht und dabei einen bestimmten Winkel beschreibt.

Man beweise: Bei gegebenen Strecken x_i ist dieser Winkel am kleinsten, wenn die die Strecken bezeichnenden positiven Zahlen fallend, d. h. $x_1 \geqq x_2 \geqq \cdots \geqq x_n$, und am größten, wenn sie steigend, d. h. $x_1 \leqq x_2 \leqq \cdots \leqq x_n$ geordnet sind.

17. Flächeninhalt des Dreiecks

Man beweise ohne Anwendung der Trigonometrie: Ist in einem Dreieck mit den Seiten a, b, c der Winkel an der Ecke A gleich 60°, so ergibt sich für den Flächeninhalt S des Dreiecks

$$S = \frac{\sqrt{3}}{4}\,[a^2 - (b - c)^2];\qquad(1)$$

ist der Winkel bei A gleich 120^0, so ist

$$S = \frac{\sqrt{3}}{12}\,[a^2 - (b - c)^2].\qquad(2)$$

18. Zerlegung eines Dreiecks

Man zerlege ein Dreieck so in 19 Dreiecke, daß an jeder Ecke der erhaltenen Figur sowie an jeder Ecke des großen Dreiecks gleichviele Seiten zusammenstoßen. Bei dieser Aufgabe kann die Zahl 19 nicht durch eine größere Zahl ersetzt werden, wohl aber durch kleinere Zahlen.
Durch welche?

19. Zwei Vierecke

Wir verbinden jeweils die Mittelpunkte benachbarter Seiten eines konvexen Vierecks. Dabei entsteht ein kleineres Viereck. Man beweise: Dieses neue Viereck ist ein Parallelogramm, und der Flächeninhalt ist gleich der Hälfte des Flächeninhalts des vorgegebenen konvexen Vierecks.
Bleibt dieser Satz ohne die Voraussetzung der Konvexität gültig?

20. Netz aus Quadraten

Die Ebene kann mit einem Netz aus gleichen Quadraten überdeckt werden. Die Knoten dieses Netzes stellen in der Ebene das *Gitter der ganzzahligen Koordinaten* dar.
Kann man diese Knoten so mit den Buchstaben a, b, c, d bezeichnen, daß an den Ecken jedes Grundquadrates alle vier Buchstaben stehen und daß in jeder Spalte und in jeder Zeile des Gitters alle vier Buchstaben auftreten?

21. Gitterpunkte

Bezüglich der Definition des Gitters der ganzen Zahlen verweisen wir den Leser auf die Aufgabe 20.
Durch jeden beliebigen Gitterpunkt geht natürlich bei ge-

eigneter Wahl des Radius ein Kreis mit dem Mittelpunkt ($\sqrt{2}$, $\sqrt{3}$). Man zeige, daß kein Kreis mit diesem Mittelpunkt durch zwei und mehr Punkte des Gitters geht.

22. Gitterpunkt im Inneren eines Kreises

In dieser Aufgabe befassen wir uns mit den Punkten eines Gitters, die von einem Kreis K umschlossen werden. Die Gitterpunkte auf der Kreislinie lassen wir außer acht.

Es ist zu beweisen, daß es Kreise gibt, die keinen Gitterpunkt, einen Gitterpunkt, zwei Gitterpunkte usw. enthalten. Jeder ganzen Zahl n ($n \geqq 0$) können wir einen Kreis zuordnen, der genau n Punkte enthält.

23. Was bleibt vom Rechteck übrig?

Ein „Goldenes Rechteck" ist ein Rechteck, dessen Seiten im Verhältnis des „Goldenen Schnittes" zueinander stehen, d. h. der Gleichung

$$a : b = b : (a - b)$$

genügen.

Stellen wir uns einmal vor, dieses Rechteck sei aus Papier ausgeschnitten und liege mit der längeren Seite vor uns auf einem Tisch. Von der linken Seite des Rechtecks ausgehend, schneiden wir das größtmögliche Quadrat ab; der Rest ist wieder ein „Goldenes Rechteck". Wir treten nun an die linke Seite des Tisches, um wieder die längere Seite des Rechtecks vor uns liegen zu haben, und verfahren mit dem neuen Rechteck ebenso wie mit dem vorhergehenden. Auf diese Weise umlaufen wir den Tisch im Uhrzeigersinn und schneiden nacheinander Quadrate ab. Jeder Punkt des Rechtecks, mit einer einzigen Ausnahme, wird früher oder später in einem Quadrat abgeschnitten. Man bestimme die Lage dieses ausgezeichneten Punktes!

24. Polygon

In der Ebene seien n Punkte gegeben, von denen keine drei auf einer Geraden liegen. Kann man dann immer ein geschlossenes n-Eck mit sich nichtüberschneidenden Seiten finden, dessen Ecken diese n Punkte sind?

25. Punkte und ein Kreis

In der Ebene seien 4 Punkte P_1, P_2, P_3, P_4 gegeben, die weder sämtlich auf einem Kreis noch auf einer Geraden liegen. Können diese Punkte so mit P_1, P_2, P_3, P_4 bezeichnet werden, daß der Punkt P_4 innerhalb des durch die Punkte P_1, P_2, P_3 gehenden Kreises liegt?

26. Ein geometrisches Problem

Gegeben sei eine Ellipse, deren große Achse gleich $2a$ und deren kleine Achse gleich $2b$ ist. Es ist eine geschlossene Kurve derselben Länge zu zeichnen, die einen Flächeninhalt einschließt, der um $(a - b)^2$ größer ist als der der Ellipse.

III. Geometrie im Raum

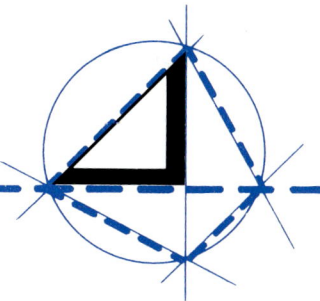

27. Ein Würfel

Wir nehmen einen Würfel so in die Hand, daß er sich um eine Raumdiagonale drehen läßt (d. h. um die Gerade, die zwei diametral gelegene Ecken verbindet), und umwickeln den Würfel mit einem schwarzen Faden. Dieser Faden bedeckt nur eine Hälfte des Würfels (warum?). Dasselbe machen wir für jede seiner drei anderen Raumdiagonalen. Jedesmal verwenden wir einen andersfarbigen Faden (etwa schwarz, rot, blau und gelb). Die Farben bedecken den ganzen Würfel, überlagern sich und erzeugen Mischfarben (der Würfel selbst ist weiß, doch soll von dieser Farbe hier abgesehen werden). Wie viele und was für Farbtöne entstehen auf dem Würfel? Wieviel verschiedene Farbtöne findet man auf einer Würfelfläche? In wieviel Schichten liegt der Faden auf dem Würfel? Hat jede Fläche eine andere Färbung?

28. Geodätische Linien

Hier ein Problem, zu dessen Lösung man kaum Mathematik benötigt. Um einen festen (nicht deformierbaren) und glatten Würfel legen wir ein Gummiband (wie man es zuweilen für Päckchen verwendet) so, daß es um den Würfel herumläuft, ohne sich zu überschneiden. Die Linie, in der sich das Gummiband legt, ist eine *Geodätische**. Wir denken uns nun alle Geodätischen auf unserem Würfel gezogen.

---

* Geodätische sind Linien auf einer Fläche, die wie die Geraden der Ebene als Abstandslinie zwischen irgend zweien ihrer Punkte die kürzeste mögliche Verbindung herstellen.

1) Wie oft wird der Würfel von diesen Geodätischen überdeckt (d. h., wie viele Geodätische gehen durch jeden Punkt
des Würfels)?
2) Wie viele verschiedene Scharen von Geodätischen gibt
es, die den Würfel überdecken?

29. Bewegung eines Teilchens

In einem würfelförmigen Kasten bewege sich ein Materie-
teilchen ohne Beeinflussung durch äußere Kräfte. An den
Wänden des Kastens werde es nach dem klassischen Reflexionsgesetz zurückgeworfen (Einfallswinkel gleich Ausfallswinkel; die Senkrechte auf der Fläche im Aufprallpunkt
ist Symmetrieachse der Flugbahn des auf die Wand auf-
prallenden Teilchens). Kann das Teilchen sich ständig längs
eines geschlossenen Sechsecks bewegen und bei jedem Um-
lauf alle Seiten des Kastens treffen? Man bestimme die
Punkte, an denen es aufprallt, und prüfe, ob sich das entstehende Sechseck überschneidet.

30. Würfelnetze

Polyedermodelle werden aus Pappe mit Hilfe von ebenen
Netzen hergestellt. In einem solchen Netz stoßen die Seitenflächen an den Kanten aneinander, so daß man das Modell
erhalten kann, indem man das Netz längs der Kanten auf-
biegt. Ein regelmäßiges Tetraeder kann aus zwei verschiedenen Netzen gebaut werden. Wie viele Netze gibt es für
den Würfel?

31. Würfel

Der gesamte dreidimensionale Raum läßt sich mit gleichen
Würfeln ausfüllen. An jeder Würfelecke stoßen dabei acht
Würfel zusammen. Man kann deshalb — wenn man die
Ecken dieser Würfel in geeigneter Weise abschneidet und
jeweils die acht entstehenden Stücke zusammenklebt —
den Raum mit regelmäßigen Oktaedern und solchen Körpern ausfüllen, wie sie von den Ausgangswürfeln übrig-

bleiben. Was für Körper sind das? Welchen Teil des Raumes nehmen diese Oktaeder dann ein, wenn wir sie vergrößern, soweit das möglich ist? Wie groß sind die übrigbleibenden Körper und von welchen Seitenflächen werden sie begrenzt? Wie viele von diesen Körpern stoßen an jeder Ecke aneinander?

32. Ein Hexaeder

Gibt es einen von einem Würfel verschiedenen Sechsflächner, dessen Seitenflächen gleiche Rhomben sind?

33. Ein nicht regelmäßiges Tetraeder mit kongruenten Seitenflächen

Kann man ein Tetraeder konstruieren, dessen Seitenflächen kongruente Dreiecke mit den willkürlich vorgegebenen Seitenlängen a, b und c sind?
Wenn ja, so berechne man das Volumen dieses Tetraeders.

34. Noch eine Tetraederaufgabe

Wir denken uns sechs Stäbe von unterschiedlicher Länge, die so beschaffen sind, daß sie in jeder Anordnung als Kanten eines unregelmäßigen Tetraeders angesehen werden können. Wieviel verschiedene Tetraeder kann man aus diesen Stäben darstellen?

35. Ein Oktaeder

Kann man ein nicht notwendig regelmäßiges Oktaeder konstruieren, dessen Seitenflächen kongruente Vierecke sind?
Kann man ein Polyeder mit zehn Seitenflächen, oder allgemeiner, mit $2n$ Seitenflächen ($n > 3$) konstruieren, das dieselbe Eigenschaft besitzt?

36. Kürzester Weg auf einer Fläche

Je zwei Punkten einer geschlossenen konvexen Fläche kann man einen Bogen zuordnen, der sie verbindet und der unter allen Verbindungsbögen dieser Punkte ein kürzester ist. Das schließt aber nicht aus, daß auch andere Verbindungsbögen diese kleinste Länge besitzen. So kann beispielsweise auf der Kugeloberfläche jedes Paar diametral gelegener Punkte durch unendlich viele kürzeste Bögen verbunden werden. Sind zwei Punkte A und B einer Fläche gegeben, so verstehen wir unter dem „Abstand AB" die Länge eines kürzesten Bogens AB. Wir können also vom Abstand PX zwischen P und irgendeinem Punkt X der betrachteten Fläche sprechen. Nun könnten wir jedem Punkt P auch einen Punkt zuordnen, der von P am *weitesten entfernt* liegt. Wir nennen diesen Punkt Q. Man könnte meinen, daß es zu einem solchen Punktepaar P, Q stets mindestens zwei Bögen gibt, die sie verbinden und kürzeste sind. Man zeige, daß diese Annahme für gewisse Tetraeder nicht zutrifft.

37. Wanderung einer Fliege

Eine Fliege hatte sich auf einer Ecke eines regelmäßigen Dodekaeders niedergelassen und beschloß, auf dessen Kanten entlang zu laufen, ohne dabei eine Ecke auszulassen oder zweimal zu passieren, und an ihren Ausgangspunkt

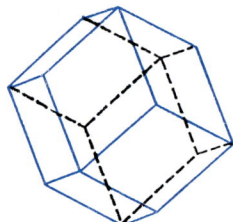

Abb. 1

zurückzukehren. Als ihr das gelungen war, versuchte sie das gleiche auf einem Rhombendodekaeder. (Ein Rhombendodekaeder wird von 12 rhombischen Flächen begrenzt; Abb. 1.) Ob ihr das glückte?

38. Das regelmäßige Dodekaeder

Man kann die Seitenflächen eines regelmäßigen Dodekaeders so mit vier Farben färben, daß zwei benachbarte Sei-

20

tenflächen verschieden gefärbt sind. Man zeige, daß man das nur auf vier Arten machen kann. Dabei sehen wir zwei Modelle als eine Lösung an, wenn sie so gefärbt sind, daß man durch eine Drehung zur gleichen Verteilung der Farben auf beiden Modellen gelangen kann.

39. Ein beschriebenes Polyeder

Einem aus Fünfecken gebildeten regelmäßigen Dodekaeder kann man einen Würfel derart einbeschreiben, daß die Kanten des Würfels Diagonalen der Fünfecke sind, die die Seitenflächen des Dodekaeders darstellen. Auf wieviel Arten kann das geschehen? Alle solchen Würfel bilden einen sternförmigen Körper. Wie sieht dieser Körper aus? Was für einen Körper stellt der Teil dar, der allen Würfeln gemeinsam ist?

40. Konvexe Polyeder

Ein konvexes Polyeder hat konvexe Seitenflächen. Ist umgekehrt jeder Körper mit konvexen Seitenflächen ein konvexes Polyeder? Gibt es insbesondere zwei Polyeder, z. B. zwei 30-Flächner, die von der gleichen Anzahl paarweise kongruenter Seitenflächen begrenzt sind, ohne daß die Seitenflächen ein und desselben Körpers kongruent zu sein brauchen, und von denen das eine Polyeder konvex ist, das andere aber nicht?

41. Ein nichtkonvexes Polyeder

Kann ein nichtkonvexes Polyeder kongruente Vierecke als Seitenflächen besitzen?

42. Ein Problem aus dem Wunderland

Lewis Carroll, Mathematiker und Märchendichter, war bekannt für seine oft verwunderlichen Einfälle. So schlug er einmal vor, man solle eine Landkarte im Maßstab 1 : 1 benutzen, weil man diese nur auf der Erde auszubreiten brauche, um zu jeder Zeit zu wissen, wo man sich befinde: Man braucht nur auf der Karte abzulesen, wo man gerade steht.

Stellen wir uns also einmal vor, wir hätten — diesem Rat folgend — auf der Erdkugel die Längen- und Breitenkreise mit haltbarer Farbe über Länder und Meere hinweg einge-zeichnet und überall die Namen von Städten, Häfen und Ländern eingetragen. Einen Kompaß brauchen wir nicht mehr, aber es bleibt eine Schwierigkeit bestehen: Wie finden wir den kürzesten Weg zu einem anderen Punkt? Nun sind die *Orthodromen* (d. h. die kürzesten Wege) auf dieser Karte aus dem Wunderland keine *Loxodromen* (d. h. Linien, die Längen- und Breitenkreise unter einem konstanten Winkel schneiden). Unglücklicherweise würde es uns auch nichts helfen, wenn wir auf der Erdoberfläche neue Linien ein-zeichneten: Allen Koordinatensystemen, die zu unserer Orientierung dienen sollen, haftet dieser Mangel an. Schuld daran ist natürlich die Erdkugel mit ihrer ungünstigen Konstruktion.

Um den Globus zu korrigieren, beginnen wir am besten mit der Landkarte. Man kann beispielsweise ein rechtwinkliges Netz von Breiten- und Längenkreisen aufzeichnen und da-nach die Karte um einen Zylinder wickeln, so daß die Par-allelen zu Kreisen werden. Auf einem solchen zylinderförmi-gen Planeten schneidet der kürzeste Weg von einem Punkte zu einem anderen die Längenkreise unter einem festen Winkel. Man kann die Landkarte auch längs einer Paralle-len aufschneiden, einen Pol N markieren und sie auf einen Kegel mit der Spitze N aufwickeln. Der Nordpol dieses kegelförmigen Planeten ist der Punkt N; die Breitenkreise schneiden sich nicht, die Längenkreise auch nicht; wie auf der Erdkugel schneidet jeder Breitenkreis jeden Längen-kreis in zwei Punkten. Wie auf dem Zylinderplaneten haben kürzeste Wege natürlich wieder eine konstante Richtung.

Es läßt sich aber noch ein interesanteres kegelförmiges Modell angeben. Die Karte ist mit einem rechtwinkligen Netz von Koordinatenlinien überzogen, aber nur eine Schar von solchen Linien kommt auf dem Planeten vor. Jede die-ser Linien schneidet jede andere in zwei Punkten und sich selbst in einem Punkt. Das Prinzip der konstanten Richtung bleibt erhalten. Was für ein Modell ist das?

Und dann gibt es noch ein drittes: ein rechtwinkliges Netz, bestehend aus Längenkreisen, Breitenkreisen und „Längen-Breiten-Kreisen". Man stelle die drei Modelle dar!

43. Drei Kugelflächen und eine Gerade

Drei Kugeloberflächen (Sphären) schneiden sich in einem Punkt P, jedoch ist keine durch P gehende Gerade Tangente für alle drei Kugeloberflächen. Man zeige, daß diese Kugeloberflächen dann noch einen zweiten Punkt gemeinsam haben.

44. Zerlegung eines Raumes

Durch einen Punkt im Raum legen wir Ebenen, und zwar so, daß der Raum in möglichst viele Teile zerlegt wird. Eine Ebene zerlegt den Raum in zwei Teile. Zwei sich schneidende Ebenen ergeben vier Teile. Drei durch einen Punkt gehende Ebenen, die keinen weiteren Punkt gemeinsam haben, zerlegen den Raum in acht Teile. Wieviel Teile lassen sich mit vier Ebenen erhalten? Wieviel mit n Ebenen?

45. Zwei Projektionen

Wir wollen uns eine Ebene E_1 vorstellen, die die Erdkugel im Nordpol N berührt, und eine Ebene E_2, die die Erdkugel im Südpol S berührt. Wir können eine Landkarte zeichnen, indem wir jeden Punkt der Erdoberfläche von N aus auf E_2 projizieren, und eine zweite Landkarte, indem wir jeden Punkt von S aus auf E_1 projizieren. Es handelt sich bei diesen beiden Abbildungen um sogenannte *stereographische Projektionen**. Nun legen wir die beiden Ebenen so über-

---

* Eine Kugel werde in einem Punkt S von einer Ebene berührt. Alle durch den Gegenpunkt N gehenden Strahlen liefern dann eine umkehrbar eindeutige Abbildung der Punkte auf der Ebene auf die der Kugel, mit Ausnahme des Punktes N. Die stereographische Projektion ist winkeltreu und bildet die Kreise und Geraden der Ebene auf Kreise der Kugel ab.

einander, daß die Bilder der Meridiane jeweils zusammenfallen. Jedem Punkt der einen Karte entspricht ein bestimmter Punkt auf der anderen. Wir haben somit eine Abbildung der Ebene auf sich definiert. Wie kann diese Abbildung direkt definiert werden?

46. Eine Eigenschaft der Kugelfläche

Wir betrachten eine Fläche, deren ebene Schnitte sämtlich Kreise sind. Einen einzelnen Punkt sehen wir dabei als Kreis mit dem Radius Null an. Man zeige, daß diese Fläche eine Kugeloberfläche ist.

47. Eine Kugelpackungsaufgabe

Nehmen wir an, uns stünden unbeschränkt viele gleiche Kugeln zur Verfügung. Drei davon legen wir so zusammen, daß sie einander berühren; alsdann fügen wir eine vierte Kugel hinzu, die die drei vorhergehenden berührt. In jede der vier entstehenden Vertiefungen werde jeweils eine Kugel eingesetzt. Jetzt haben wir bereits acht Kugeln. Wieviel Vertiefungen entstehen auf diese Weise? Wieviel Kugeln können als neue Schale aufgesetzt werden? Kann man das Verfahren beliebig weit fortsetzen?

48. Noch eine Aufgabe über Kugelpackungen

Wir nehmen wieder an, uns stünden unbeschränkt viele gleiche Kugeln zur Verfügung. Eine davon nehmen wir und legen zwölf Kugeln um sie herum, die die erste sämtlich berühren. Wieviel Vertiefungen für weitere Kugeln entstehen jetzt? Kann in jede Vertiefung eine Kugel gelegt werden? Aus wieviel Kugeln besteht die dritte Schale (die erste Schale besteht aus einer, die zweite aus zwölf Kugeln)? Können in den folgenden Schalen stets sämtliche Vertiefungen ausgefüllt werden?

IV. Praktisches und Unpraktisches

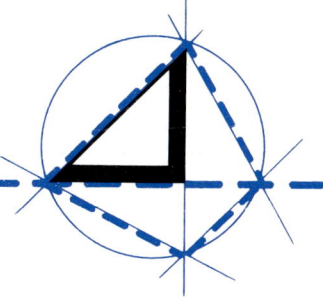

49. Ein rätselhafter Druckfehler

Der Verfasser eines Lehrbuches bemerkte beim Durchlesen desselben, daß sich in dem Satz: „Auf dem linken Schenkel eines Winkels von 60° trage man 9 cm ab, auf dem rechten Schenkel ... cm; man berechne den Abstand der so erhaltenen Punkte!" — ein Druckfehler eingeschlichen hatte. Der Setzer hatte die im Manuskript angegebene Zentimeterzahl um 1 vergrößert. Natürlich hatte der Setzer nicht daran gedacht, auch die am Ende des Buches stehende Lösung abzuändern. Dessenungeachtet führte der Druckfehler nicht auf ein falsches Ergebnis. Welche Zahl war ursprünglich gemeint und welche hat der Setzer in die Aufgabe eingesetzt?

50. Vom Wägen

Wir haben fünf Gegenstände verschiedener Masse und wollen sie nach abnehmender Masse anordnen. Uns steht nur eine ganz einfache Waage, mit der wir immer nur zwei Gegenstände vergleichen können, und ein nichtgeeichter Gewichtssatz zur Verfügung. Wie muß man vorgehen, um die Gegenstände so schnell wie möglich in der angegebenen Weise anzuordnen?
Die Anzahl der dazu notwendigen Wägungen soll also minimal sein. Wieviel Gewichtsvergleiche sind maximal nötig?

51. Kalibrierung von Zylindern

Zu einem Verbrennungsmotor gehört auch ein zylinderförmiger Bolzen. Um den Durchmesser solcher Bolzen zu messen, bedient man sich einer Stahlplatte, in der sich fünfzehn mit größter Präzision gebohrte Löcher von genau bekanntem Durchmesser befinden. Der Durchmesser der ersten Öffnung beträgt 10 mm, und jede folgende Öffnung hat einen um 0,04 mm größeren Durchmesser als die vorhergehende. Die Bolzen werden kalibriert, indem man sie in diese Löcher steckt: Man wählt aufs Geratewohl eine Öffnung und vergleicht den Bolzendurchmesser mit dem Durchmesser der Öffnung. Paßt der Bolzen nicht in die Öffnung, so ist sein Durchmesser größer als der der Öffnung; geht er dagegen hinein, dann ist sein Durchmesser kleiner. Damit wird letztlich der Bolzendurchmesser bis auf 0,04 mm genau bestimmt. Kolben mit einem Durchmesser von weniger als 10 mm oder mehr als 10,56 mm bleiben unberücksichtigt, und die übrigen werden weiterverarbeitet.

Der mit der Kalibrierung beauftragte Arbeiter probiert mit jedem Bolzen dieselbe Anzahl Öffnungen durch, dabei natürlich nicht immer dieselben. Wieviel Versuche sind für jeden Bolzen erforderlich? In welcher Reihenfolge werden sie ausgeführt?

52. Die Diagonale eines Ziegelsteins

Mit Hilfe eines Lineals soll die Raumdiagonale eines Ziegelsteines, der die Form eines rechtwinkligen Parallelepipeds (Quaders) hat, gemessen werden, d. h. der Abstand der am weitesten auseinander liegenden Ecken. Man gebe ein praktisches Verfahren zur Messung dieser Diagonale an, das sich z. B. in einem Betrieb anwenden läßt. Den Lehrsatz des Pythagoras wollen wir nicht benutzen!

53. Verschnürung von Päckchen

Ein Karton in Form eines rechtwinkligen Parallelepipeds (Quaders) wird im allgemeinen über Kreuz verschnürt: Im Mittelpunkt N der Deckfläche sowie im Mittelpunkt P der Grundfläche überschneidet sich der Bindfaden jeweils in einem rechten Winkel.

Man zeige: Wenn man die Schnur in N und in P fest zusammenklebt, läßt sie sich nicht mehr verschieben.

54. Alphas und Betas

In einer schülerreichen Klasse hatten sich zwei Gruppen gebildet. Die Schüler der Gruppe A hießen die „Alphas", die der Gruppe B die „Betas". Die Alphas rühmten sich, größer zu sein als die Betas, während sich die Betas für die besseren Mathematiker hielten. Als einst ein Alpha auf einen Beta überlegen von oben herabschaute, fragte dieser ihn: „Was meint ihr eigentlich damit, wenn ihr sagt, ihr seid größer als wir? Bedeutet das,

1) jeder Alpha ist größer als jeder Beta?

2) der größte Alpha ist größer als der größte Beta?

3) jeder Alpha ist größer als ein Beta?

4) jeder Beta ist kleiner als ein Alpha?

5) zu jedem Alpha gibt es einen Beta (und zwar zu jedem einen anderen Beta), der kleiner ist als jener?

6) zu jedem Beta gibt es einen Alpha (und zwar zu jedem einen anderen Alpha), der größer ist als jener?

7) der kleinste Beta ist kleiner als der kleinste Alpha?

8) der kleinste Alpha überragt mehr Betas, als der größte Beta Alphas?

9) die Summe der Körpergrößen von den Alphas ist größer als die Summe der Körpergrößen von den Betas?

10) die durchschnittliche Größe der Alphas ist größer als die der Betas?

11) es gibt mehr Alphas, die einen gegebenen Beta überragen, als es Betas gibt, die einen gegebenen Alpha überragen?

12) es gibt mehr Alphas, deren Größe über der durchschnittlichen Größe der Betas liegt, als Betas, deren Größe über der durchschnittlichen Größe der Alphas liegt?

13) wenn man die Alphas und die Betas in Reihen aufstellt, dann ist der in der Mitte stehende Alpha größer als der in der Mitte stehende Beta?" (Wenn eine Reihe von einer geraden Anzahl von Schülern gebildet wird, nimmt man das arithmetische Mittel aus den Körpergrößen der beiden mittleren Schüler.)

Durch diesen Ansturm von Fragen sichtlich verblüfft, wurde der Alpha zusehends kleiner!

Wir stellen dem Leser folgende Frage: Welche dieser dreizehn Fragen sind voneinander unabhängig, und welche sind es nicht? Mit anderen Worten, es sind alle Paare von Fragen zu finden, so daß die Antwort „ja" auf die erste Frage die Antwort „ja" auch auf die zweite Frage nach sich zieht. Gibt es äquivalente Fragen, d. h., gibt es Paare von Fragen, bei denen die Antworten auf beide Fragen identisch sind? Gibt es Paare von Fragen, die weder unabhängig noch äquivalent sind?

55. Wieviel Fische sind im Teich?

Ein Fischereimeister wollte feststellen, wie viele fangreife Fische es in einem Teich gab. Zu diesem Zweck warf er ein Netz mit der vorgeschriebenen Maschenweite aus. Beim Einholen des Netzes zählte er dreißig Fische. Er kennzeichnete jeden dieser Fische mit einer Marke und warf dann seinen Fang in den Teich zurück. Am nächsten Tag legte er dasselbe Netz aus und fing vierzig Fische, darunter zwei gekennzeichnete. Wie konnte er (näherungsweise) berechnen, wie viele Fische im Teich sind?

56. Wann ist sein Geburtstag?

Man feierte den Geburtstag Meißners in großem Kreise. Neben Katherina, der Schwester des Hausherrn, und dessen Bruder Joachim waren der bekannte Reisende Haustein und zahlreiche Freunde Meißners anwesend.

Jemand wandte sich an Haustein mit der Frage, was er vor einem Jahr getan hätte. Dieser griff zum Notizbuch und antwortete mit der ihm eigenen Pedanterie: „Vor genau einem Jahr trat ich bei Sonnenaufgang aus meinem Zelt, schritt eine Meile oder auch etwas mehr nach Süden, wandte mich dann nach Westen, und nach einigen Stunden, ohne etwas erlegt zu haben, ging ich in nördlicher Richtung weiter. Ohne wieder auf meine eigenen Spuren zu stoßen, gelangte ich, mich immer nordwärts haltend, zu meinem Zelt zurück."

Wann ist der Geburtstag Meißners?

57. Wie alt ist Frau Sophie?

Unsere Bekannte Frau Sophie ist noch nicht sehr alt, denn sie wurde nach dem ersten Weltkrieg geboren, doch beantwortet sie eine Frage nach ihrem Alter nicht gern direkt. Hätte man sie am 27. Juli 1950 danach gefragt, so hätte sie geantwortet: „Ich bin erst ein Jahr alt, denn meinen Geburtstag feiere ich nur dann, wenn er auf den Wochentag fällt, an dem ich geboren bin, und das ist bisher nur einmal eingetreten." Wie alt ist Frau Sophie?

58. Die Aufteilung eines Kuchens

Man kann jeden Kuchen, unabhängig von seiner Form, mit zwei zueinander senkrechten Schnitten in vier gleiche Teile zerlegen. Mit anderen Worten, es lassen sich für jedes ebene Gebiet mit dem Flächeninhalt P zwei zueinander senkrechte Geraden so finden, daß jedes der vier von ihnen abgegrenzten Teilgebiete den Flächeninhalt $P/4$ hat. Man beweise das! (Es ist viel einfacher, diese Aussage allgemein für eine beliebige Figur zu beweisen, als ein Dreieck mit den Seitenlängen 3, 4 und 5 cm tatsächlich in vier gleiche Teile zu zerlegen.)

59. Eine umwickelte Rolle

Ein 25 m langes und 0,1 mm dickes Band wird straff auf ein Papprollchen gewickelt. Der dabei entstehende Zylinder hat einen Durchmesser von 1 dm. Wie groß ist der Durchmesser des Papprollchens?

60. Der kürzeste Abstand

Ein Lineal L ist auf einem Tisch befestigt, ein anderes Lineal R berührt mit seiner Kante stets einen in den Tisch geschlagenen Nagel O. Dieses Lineal gleitet mit seiner Ecke B an der Kante des Lineals L entlang (Abb. 2). Die Kante, die an dem Nagel O liegt, habe einen Endpunkt A. Während dieser Bewegung erreicht der Abstand AO in einer gewissen Lage des Lineals R ein Minimum. Man bestimme diese Lage

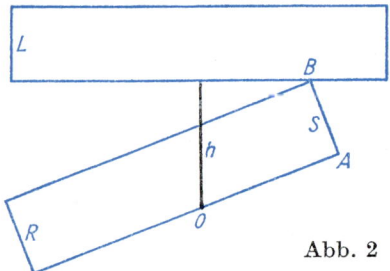

Abb. 2

und berechne das Minimum von AO, wenn der Abstand des Nagels zu dem festen Lineal und die Breite des beweglichen Lineals bekannt sind.

61. Schachteln und Bänder

In Süßwarenhandlungen werden Konfektschachteln oft folgendermaßen verschnürt: Ein Band wird diagonal um die Schachtel gelegt. Dabei entsteht ein geschlossenes windschiefes Achteck. Auf dem Deckel und auf dem Boden sind zwei parallellaufende Stücke des Bandes sichtbar. Wenn wir die Maße der Schachtel kennen, lassen sich die Länge des Bandes sowie die Winkel berechnen, unter denen das Band die Kanten der Schachtel schneidet. Wie hat man dabei vorzugehen? Ferner zeige man, daß sich das Band nicht nur in sich, sondern auch auf der Schachtel verschieben läßt.

62. Eine einfache Sache

Eine Waage läßt sich folgendermaßen auf einfache Weise herstellen: Man nimmt einen Holzstab oder eine Metallstange. An dem einen Ende wird eine ziemlich schwere Last angebracht, an dem anderen Ende ein Haken befestigt, an den die zu wägenden Gegenstände gehängt werden. In den Stab werden Kerben geritzt, die eine Skale darstellen, von der wir die Masse jedes am Haken hängenden Gegenstandes ablesen können (in Kilopond zum Beispiel). Dazu muß der Punkt bestimmt werden, in dem der Stab im Gleichgewicht bleibt, wenn man ihn auf einem Finger oder auf einer Mes-

serschneide hält. Der diesem Punkt entsprechende Teil-
strich auf der Skale zeigt die gesuchte Masse an. Die Skale
ist leicht experimentell hergestellt, wenn man einen Satz
geeichter Wägestücke besitzt. Sie ist um so genauer, je mehr
Wägestücke von verschiedener Massegröße zur Verfügung
stehen.

Wie kann man auf dem Stab mit Hilfe eines geometrischen
Verfahrens eine Skale festlegen, wenn man nur ein Wägestück hat, ein Kilopond zum Beispiel?

63. Obstbäume

In den Gärten einer Stadt stehen die verschiedensten Obst-
bäume. Ohne die genaue Anzahl der Sorten zu kennen, wollen wir annehmen, es gäbe m Gärten und n verschiedene
Sorten von Bäumen darin. In s_1 Gärten steht nur eine Sorte
Bäume (nicht notwendig in allen Gärten dieselbe), in s_2
Gärten wachsen zwei verschiedene Sorten, usw..., in s_n
Gärten stehen n (d. h. alle) Sorten von Obstbäumen. Es
gibt ferner g_1 Baumsorten, die jede nur in einem Garten
stehen, g_2 Sorten, von denen jede in zwei (aber auch nur
in zwei) Gärten wächst, usw. bis g_m Sorten, die in m (also in
allen) Gärten der Stadt stehen. Welche Beziehung besteht
zwischen den Zahlen $s_1, s_2, \ldots, s_n, g_1, g_2, \ldots, g_m, m, n$?

64. Ein praktisches Problem

Ein Werkgelände ist eben, aber abfallend. Uns steht ein
Nivellierinstrument zur Verfügung. Es besteht aus einem
horizontalen Fernrohr, das sich um eine vertikale Achse
drehen läßt. Die Drehwinkel werden von einer auf einem
horizontalen Kreis befindlichen Skale abgelesen. Ferner
haben wir eine Meßlatte, auf die wir das Fernrohr richten,
um die Niveauunterschiede sowie den Abstand abzulesen,
in dem die Meßlatte aufgestellt ist. Dazu bedienen wir uns
zweier horizontaler Fäden im Fernglas sowie der Skale auf
der Meßlatte. Wie können nun die Neigung des Geländes
und die Neigungsrichtung am einfachsten bestimmt werden?

65. Statistik

Ein Statistiker beschloß einmal zu untersuchen, wie in verschiedenen Ländern die Abteile für Raucher und Nichtraucher in den Zügen benutzt werden. Er unterschied die folgenden Möglichkeiten:

a) Die Raucher fahren meistens in den Raucherabteilen
a') nicht a („nicht a" bedeutet das Gegenteil von a))
b) Die Nichtraucher fahren meistens in den Abteilen für Raucher
b') nicht b
c) Die Raucherabteile werden hauptsächlich von Rauchern benutzt
c') nicht c
d) Die Abteile für Nichtraucher werden hauptsächlich von Rauchern benutzt
d') nicht d

Jedes Land kann durch die vier Buchstaben a, b, c, d (mit oder ohne Strich) charakterisiert werden. Selbstverständlich kann dabei in keinem Symbol ein Buchstabe einmal mit und einmal ohne Strich auftreten; denn jede Aussage mit Strich stellt die Verneinung (Negation) der betreffenden Aussage ohne Strich dar. Es gibt somit sechzehn mögliche Symbole. Kann man Reisende so auf sechzehn Züge verteilen, daß jedem Zug ein anderes Symbol entspricht?

66. Nachbarstädte

Auf einer Landkarte von Europa verbinden wir jede Stadt mit der nächstgelegenen, wobei wir annehmen wollen, daß die Entfernungen zwischen den einzelnen Städten unterschiedlich sind.

Man zeige, daß keine Stadt mit mehr als fünf Nachbarstädten verbunden werden kann.

67. Ein Probeflug

Das neueste Modell einer Düsenmaschine startete in Oslo und flog auf dem kürzesten Wege zu einem genau auf dem

Äquator liegenden Flugplatz X in Südamerika. Die Zeugen des Starts in Oslo sahen das Flugzeug am Horizont genau im Westen verschwinden.

Wie lang ist die Flugstrecke? An welchem Punkt des Horizonts haben die auf dem Flugplatz X versammelten Zuschauer das Flugzeug zu erwarten?

Zur Beantwortung dieser Frage sind keine Rechnungen erforderlich, wenn man weiß, daß Oslo auf 59°55′ nördlicher Breite und 10°43′ östlicher Länge liegt. Mit einer Landkarte von Südamerika ist der Flugplatz X leicht gefunden.

68. Kosmographie

Man berechne, wie lang der kürzeste Tag im Jahr in der Stadt Wroclaw ist. Zur Lösung muß man zwei Winkel kennen. Welche?

69. Sonne und Mond

Der Abstand der Sonne von der Erde ist 387mal so groß wie der Abstand des Mondes von der Erde. Um wievielmal ist das Volumen der Sonne größer als das des Mondes?

70. Riesen und Zwerge

Ein Lehrer ließ während der Sportstunde die Klasse in einem Rechteck antreten. In dieser Klasse waren alle Schüler von unterschiedlicher Körpergröße. Der Lehrer sagte: „Wir wollen einmal feststellen, wer von euch der größte Zwerg ist." Aus jeder Reihe suchte er den Kleinsten aus, ließ diese „Zwerge" vortreten und ein neues Glied bilden. Nun wählte er daraus den Größten und sagte: „Das ist der größte Zwerg."

Die Schüler kehrten auf ihre Plätze zurück, und der Lehrer sagte: „Jetzt zeige ich euch den kleinsten Riesen". Er wies in jedem Glied auf den Größten, und als diese „Riesen" vorgetreten waren, wählte er darunter den Kleinsten und sagte: „Das ist der kleinste Riese".

Kann es eintreten, daß ein Schüler sowohl kleinster „Riese"

als auch größter „Zwerg" ist? Gibt es Klassen, in denen der kleinste „Riese" kleiner ist als der größte „Zwerg"? Wie sähe das Ergebnis aus, wenn der Lehrer die „Riesen" aus den Reihen, statt aus den Gliedern gewählt hätte, d. h., wenn er sie wie die „Zwerge" ausgesucht hätte?

71. Blutgruppen

Bekanntlich hat jeder Mensch eine der vier Blutgruppen 0, A, B oder AB. Mit dieser Klassifikation läßt sich feststellen, ob das Blut eines Menschen auf einen anderen ohne Gefahr für dessen Leben übertragen werden kann. Das Symbol $X \rightarrow Y$ steht im weiteren für folgenden Sachverhalt: Das Blut eines Menschen mit der Blutgruppe X kann auf jeden Menschen mit der Blutgruppe Y übertragen werden, ohne diesen zu gefährden. Mit dieser Bezeichnung lassen sich die Gesetzmäßigkeiten folgendermaßen ausdrücken:

I. $X \rightarrow X$ für alle X

II. $0 \rightarrow X$ für alle X

III. $X \rightarrow AB$ für alle X

IV. Jede Relation $X \rightarrow Y$, die sich nicht aus I, II, III durch Einsetzen der Symbole 0, A, B und AB für X ergibt, ist falsch.

Man zeige:

1) Das System der Aussagen I—IV ist widerspruchsfrei.

2) Unter der Voraussetzung, daß I—IV gelten, folgt aus $X \rightarrow Y$ und $Y \rightarrow Z$, daß $Y \rightarrow Z$ für alle X, Y, Z.

3) Aus I—IV folgt „nicht-$(A \rightarrow B)$".

(Hinweis: Die Wendung „für alle X", die in I, II und III vorkommt, besagt, daß die angeführten Relationen gelten, wenn X die Gruppen 0, A, B oder AB bezeichnet. Das gleiche ist zu 2) zu sagen.)

72. Noch eine Aufgabe über Blutgruppen

Der Mathematiker Felix Bernstein, der sich besonders mit der Mengenlehre beschäftigte, hat als erster die Gesetzmäßigkeiten bei der Vererbung der Blutgruppen formuliert. Stellen wir uns beispielsweise einmal vor, der Vater habe die Blutgruppe A, die Mutter die Blutgruppe AB. Zu dem einbuchstabigen Symbol A fügen wir eine 0 hinzu; wir schreiben also für die Blutgruppe des Vaters A0. Die Blutgruppen beider Elternteile sind somit A0 und AB. Im Symbol der Blutgruppe des Kindes tritt jeweils ein Buchstabe aus dem Symbol der väterlichen und einer aus dem Symbol der mütterlichen Blutgruppe auf. Als mögliche Symbole für die Blutgruppen der Kinder ergeben sich daher AA, AB, 0A, 0B.

Diese Symbole müssen vereinfacht werden. Anstelle von AA schreiben wir den Buchstaben A nur einmal; wir lassen die 0 immer dann weg, wenn sie in einem zweibuchstabigen Symbol steht. Damit erhalten wir die Blutgruppen A, AB, A, B. In unserem Beispiel kann das Kind folglich eine der drei Blutgruppen A, B oder AB haben, jedoch nicht die Blutgruppe 0.

Die angegebenen Regeln — man füge eine 0 hinzu, nehme aus dem Symbol jedes Elternteils einen Buchstaben und vereinfache, wenn möglich, die erhaltenen Symbole — definieren die „phänotypische" Vererbungstheorie der Blutgruppen vollständig (und nicht nur im obenstehenden Beispiel). Die bei Bluttransfusionen herrschenden Gesetzmäßigkeiten hatten wir in Aufgabe 71 angeführt.

Zwei Brüder, die diese Gesetzmäßigkeiten der Blutübertragung kennen, wissen, daß keiner sein Blut auf den anderen übertragen kann, daß aber jeder von ihnen das Blut ihrer Mutter aufnehmen könnte. Könnte ihre Schwester die Mutter ersetzen?

73. Aufteilung von Grundstücken

Die meisten Grundstücke sind bekanntlich Rechtecke. Wir wollen annehmen, das gelte für alle. Wie wir wissen, ergeben sich beim Ableben des Besitzers eines solchen Grundstücks durch die Aufteilung unter die Erben aufeinanderfolgende Teilungen. Wenn wir ein rechteckiges Grundstück sehen und darauf eine Abgrenzung, die es in zwei rechteckige Parzellen teilt, dann ist klar, daß diese Konfiguration auf eine Teilung zurückgeht und auf keine andere Art entstanden sein kann. Wenn dagegen das ursprüngliche Grundstück in drei Parzellen geteilt worden ist, dann kann jemand, dem die Vorgeschichte unbekannt ist, bestimmt nicht entscheiden, ob diese Konfiguration von einer einmaligen Aufteilung unter drei Erben herrührt oder ob erst eine Aufteilung in zwei Parzellen und danach eine weitere Aufteilung von einer der beiden in zwei kleinere Stücke erfolgte. Wir wollen sagen, die Zweiteilung sei *primär*, die Dreiteilung sei *nicht primär*. Genau gesagt: Wir nennen eine Teilung primär, die nicht aus aufeinanderfolgenden Teilungen entstehen kann (gleichgültig, wie sie erfolgte).

Nun gibt es primäre Teilungen in zwei, fünf, sieben, acht, . . . Stücke. Der Leser beweise zuerst, daß es keine primären Teilungen in drei bzw. vier Stücke gibt, und finde primäre Teilungen in fünf und sieben Teile. Es läßt sich auch zeigen, daß es keine primären Teilungen in sechs Stücke gibt.

Die Aufgabe läßt sich nun ohne Beschränkung der Allgemeinheit auch so formulieren:

1) Man gebe eine primäre Teilung eines Quadrats in fünf gleiche Stücke an

2) Man gebe eine primäre Teilung eines Quadrats in sieben gleiche Stücke an

3) Man gebe eine primäre Teilung eines Quadrats in acht gleiche Stücke an

74. Eine Eisenbahnaufgabe

Wir betrachten fünf Städte, von denen keine drei auf einer Geraden liegen. Diese Städte sollen durch ein Eisenbahnnetz verbunden werden, das aus vier geradlinigen Strecken besteht. Die Schienenstränge können sich dabei überschneiden; an den betreffenden Stellen werden Brücken gebaut. Wieviel verschiedene dieser Eisenbahnnetze können konstruiert werden ?

75. Noch eine Aufgabe über Eisenbahnnetze

Die Städte A, B, C, D liegen an den Ecken eines Quadrates von 100 km Seitenlänge. Es soll eine Eisenbahnlinie konstruiert werden, die jede Stadt mit den anderen drei verbindet. Dabei sind Umsteigebahnhöfe zugelassen, wenn diese nicht in den Städten A, B, C, D liegen. Die Gesamtlänge der Verbindungen soll so klein wie möglich ausfallen. Wie sieht die Lösung aus? Wie groß ist die Gesamtlänge?

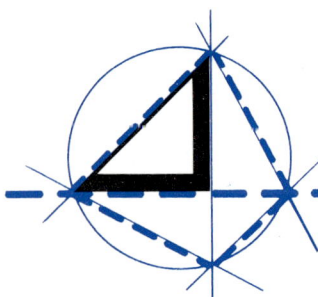

V. Schnelligkeit und Überlegung

76. Sportliche Schüler – gute Mathematiker

Zu einer Klasse gehören 25 Schüler. Davon können 17 radfahren, 13 schwimmen und 8 Ski laufen. Kein Schüler übt alle drei Sportarten aus; aber die Radfahrer, Schwimmer und Skiläufer haben sämtlich gute Noten in Mathematik, was um so bemerkenswerter ist, als sechs Schüler dieser Klasse in Mathematik schwach sind.

a) Wie viele Schüler haben in Mathematik die Note sehr gut?

b) Wie viele Schwimmer können Ski laufen?

77. Drei Läufer

Drei Läufer A, B, C trainieren systematisch auf der 200-m-Strecke. Nach jedem Lauf notieren sie die Reihenfolge, in der sie das Ziel passieren. Am Ende der Saison stellen sie fest, daß A in den meisten Trainingsläufen B geschlagen hat, daß B meistens C besiegt hat und daß in fast allen Läufen C vor A lag.

Wie ist das möglich?

78. Ein Klassifikationsturnier

Der Schachklub von Dr. Abrakadabra hat zehn Mitglieder. Alljährlich wird ein Turnier veranstaltet, um die Spieler zu klassifizieren. Dabei spielt jeder gegen jeden, bis einer der beiden Partner den anderen matt gesetzt hat (Remis wird nicht gewertet).

Wir wollen sagen: „A schlägt B", wenn A im diesjährigen Klassifikationsturnier B besiegt hat. Nach Beendigung des

Turniers liegen 45 solcher Ergebnisse vor, und die Spieler werden in verschiedene Klassen eingeteilt: Etwa danach, ob jemand acht, sieben usw. andere Spieler geschlagen hat. (Es sei bemerkt, daß es auch Fälle geben kann, in denen A gegen B gewinnt, B gegen C und C gegen A.)

Welche Einteilungen der Spieler sind möglich? Kann es insbesondere vorkommen, daß der Klub in drei Klassen zerfällt?

79. Eine Volleyball-Liga

Die besten Volleyballmannschaften bilden eine Liga und spielen während einer Wettkampfsaison gegeneinander. Jede Mannschaft muß einmal gegen jede andere antreten. Es kann vorkommen, daß eine Mannschaft alle anderen besiegt, doch braucht das nicht immer der Fall zu sein. Deshalb wollen wir eine Mannschaft „Meister" nennen, wenn sie alle anderen direkt oder indirekt, d. h. über eine dritte Mannschaft, geschlagen hat. Mit anderen Worten, wir sagen A hat B geschlagen, wenn A die Mannschaft B in einem Spiel besiegt hat, oder wenn es eine Mannschaft C gibt, die gegen A ihr Spiel verloren, aber gegen B gewonnen hat. Wir sprechen jedoch dann nicht von einem indirekten Sieg der Mannschaft A über die Mannschaft B, wenn A gegen C gewann, C gegen D, und erst D gegen B.

Man zeige:

1) Mindestens eine Mannschaft wird immer „Meister".

2) Diejenige Mannschaft, die die größte Anzahl von Spielen direkt gewonnen hat, ist immer „Meister".

80. Pokalwettkämpfe

Gewöhnlich werden Pokalwettkämpfe mit acht Mannschaften in der Weise ausgetragen, daß man diese durch Losentscheid paarweise gruppiert. Aus vier Spielen gehen vier Sieger hervor, die nun ihrerseits zwei Spiele gegeneinander austragen. Die dabei ermittelten Sieger bestreiten das Finale. Der Gewinner des Endspiels erhält den Pokal und wird Meister. Nehmen wir einmal an, jede Mannschaft besäße eine bestimmte Spielstärke — so wie jeder Gegenstand eine bestimmte Masse hat — und der stärkere schlüge immer den schwächeron (was damit vergleichbar ist, daß von zwei Gegenständen stets der schwerere die Waage nach seiner Seite ausschlagen läßt). Unter diesen Umständen erfolgt die Ermittlung des Meisters nach dem oben beschriebenen Wettkampfsystem gerecht, da er der stärkste ist. Das gilt aber nicht für den Zweiten.

Wie groß ist die Wahrscheinlichkeit dafür, daß der im Endspiel Unterlegene den zweiten Platz tatsächlich verdient?

81. Ein elliptisches Billard

An der Bande eines elliptischen Billardtisches liegt eine Kugel A. Eine zweite Kugel B liegt auf der die Brennpunkte der Ellipse verbindenden Strecke s. Die Kugel A soll so gestoßen werden, daß sie nach dem Abprallen von der Bande auf die Kugel B trifft. Dabei darf die Kugel A vor der Berührung mit der Bande allerdings nicht die Strecke s überqueren.

Man zeige, daß das unmöglich ist.

82. Ein Schachbrett

Wir wollen einmal ein quadratisches oder rechteckiges Schachbrett mit einer ungeraden Anzahl von Feldern betrachten (49 oder 63 zum Beispiel). Felder, die eine Seite gemeinsam haben, werden *benachbart* genannt.

Auf jedes Feld stellen wir eine Figur, danach nehmen wir alle Figuren vom Brett und stellen sie erneut in irgendeiner Weise auf.

Kann es vorkommen, daß dabei jede Figur ein Feld besetzt, das zu dem Feld benachbart ist, auf dem sie vorher stand?

83. Noch ein Schachbrett

Auf jedes Feld eines quadratischen Schachbretts stellen wir eine Figur. Dann nehmen wir die Figuren herunter und stellen sie erneut auf, und zwar so, daß jede der Figuren, die in den linken Eckfeldern des Schachbretts standen, wieder auf ihr Feld kommt und daß vorher benachbarte Figuren (d. h. solche, die auf benachbarten Feldern standen) wieder benachbart sind.

Kann es vorkommen, daß eine Figur jetzt ein anderes Feld einnimmt als zuvor?

84. Wie sind die Türme zu stellen?

Das von uns benutzte Schachbrett habe ebenso viele Zeilen wie Spalten, unterscheide sich jedoch von einem gewöhnlichen Schachbrett in der Anordnung der weißen und der schwarzen Felder. Diese unterliege nur der folgenden Einschränkung: Jede Spalte enthält wenigstens ein weißes Feld, und wenigstens eine Spalte besteht nur aus weißen Feldern.

Wir wollen sagen, die Türme seien auf dem Schachbrett richtig verteilt — wir nehmen an, uns stünden genug Türme zur Verfügung —, wenn die folgenden Bedingungen erfüllt sind:

1) Die Türme stehen nur auf weißen Feldern.

2) Mindestens ein Turm steht auf dem Schachbrett.

3) Die Türme bedrohen einander nicht gegenseitig (d. h., sie stehen nicht so, daß sie sich gegenseitig schlagen können).

4) Jedes nicht von einem Turm besetzte weiße Feld, das horizontal von einem Turm bedroht wird, wird auch vertikal von einem Turm bedroht.

Es ist zu zeigen, daß es immer möglich ist, die Türme entsprechend den Bedingungen 1), 2), 3) und 4) aufzustellen.

85. Ein Radfahrer und zwei Fußgänger

Ein Leiter eines landwirtschaftlichen Großbetriebes schickte zwei Boten los, die zu Fuß gehen. Der eine sollte einen Brief zur Post in die Stadt bringen, der andere, der eine Viertelstunde später in entgegengesetzter Richtung losging, sollte im Nachbardorf eine schriftliche Bestellung aufgeben. Plötzlich fällt dem Betriebsleiter ein, daß er die beiden Briefe verwechselt hat. Sofort schickt er einen Radfahrer hinter den beiden Fußgängern her, der diesen Irrtum beheben soll. Der Radfahrer nimmt an, beide Boten laufen mit der gleichen Geschwindigkeit. Er muß sich nun entscheiden, welchen von beiden er zuerst einholen will. Er fährt schnell genug, um in beiden Fällen seinen Auftrag erfüllen zu können. Welche Lösung ist die beste?

86. Vier Hunde

Vier Hunde A, B, C, D stehen an den Ecken einer quadratischen Wiese und beginnen plötzlich, hintereinander herzujagen, so, wie es die Pfeile in Abbildung 3 zeigen. Jeder

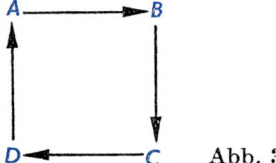

Abb. 3

Hund sucht auf dem kürzesten Weg den ihm benachbarten einzuholen (A den B, B den C, C den D und D den A). Eine Seite der Wiese ist 100 m lang, und die Hunde laufen mit einer Geschwindigkeit von 10 m/s. Nach welcher Zeit haben die Hunde einander eingeholt? Überschneiden sich ihre Wege, und wenn ja, wo? Wie lang ist jeder Weg?

87. Die erste Verfolgung

Ein Schiff P sichtet ein Schiff Q, dessen Fahrtrichtung auf PQ senkrecht steht (zum Zeitpunkt der Beobachtung) und das seinen Kurs beibehält. Das Schiff P macht sich an die Verfolgung von Q, wobei es seinen Kurs immer nach Q ausrichtet. Beide Schiffe haben in jedem Augenblick die gleiche Geschwindigkeit (die sich jedoch mit der Zeit ändern kann). Ohne rechnen zu müssen, sieht man, daß die Fahrtroute von P gekrümmt ist. Wenn die Verfolgung lange genug dauert, stimmt die Fahrtroute von P fast mit der des fliehenden Schiffes Q überein. Wie groß ist der Abstand PQ, wenn dieser zu Beginn der Verfolgung 10 Seemeilen betrug?

88. Die zweite Verfolgung

Ein Schiff O_1 sichtet ein anderes Schiff O_2, das zum Zeitpunkt der Beobachtung senkrecht zu der Geraden O_1O_2 fährt. O_2 bemerkt die von O_1 abgegebenen Signale nicht und behält seine Geschwindigkeit v_2 sowie seinen anfänglichen Kurs bei. Das Schiff O_1, das dringend Hilfe braucht, will sich O_2 bemerkbar machen und fährt mit der von ihm erreichbaren Höchstgeschwindigkeit v_1 in einer Richtung, in der es möglichst nahe an O_2 heranzukommen hofft. Welchen Kurs muß O_1 einschlagen? Wie groß wird die geringste Entfernung zwischen den beiden Schiffen sein, wenn ihr ursprünglicher Abstand $O_1O_2 = d$ war und ihre Geschwindigkeiten im Verhältnis $v_1 : v_2 = k < 1$ stehen?

89. Unvollständige Aufgabenstellung

Jemand hatte die vorige Aufgabe nicht aufmerksam genug durchgelesen. Als er es nämlich Dr. Abrakadabra erzählte und ihn bat, den Kurs an Hand der vorliegenden Angaben zu bestimmen, stellte sich heraus, daß er vergessen hatte, welches der beiden Schiffe das schnellere war. Er erinnerte sich jedoch, daß das Verhältnis der beiden Geschwindigkeiten bekannt war und daß es kleiner als 1 ist, wußte aber nicht mehr, ob es sich um das Verhältnis $v_1 : v_2$ oder $v_2 : v_1$ handelte.

Wie erstaunt war er aber, als der Meister trotz der Unvollständigkeit der Angaben den Kurs sofort bestimmte! Wie hat Dr. Abrakadabra das gemacht?

90. Ein Motorboot

Ein Schmugglerboot erreicht eine dreimal so hohe Geschwindigkeit wie das Boot vom Küstenschutz. Letzteres befindet sich auf halbem Wege zwischen dem Schmuggler und dem Punkt der Küste, an dem dieser anlegen will. Der Schmuggler entschließt sich, auf dem Wege zur Küste eine Route einzuschlagen, die von zwei Seiten eines Quadrates gebildet wird. Welcher ist der für ihn gefährliche Teil dieser Fahrtroute?

91. Zwei Seezeichen

Der Kapitän eines Schiffes beobachtet in der Nacht zwei feste leuchtende Seezeichen A und B. Er weiß, daß er in jedem Fall die richtige Einfahrt in den angesteuerten Hafen findet, wenn er das Schiff S stets auf einem solchen Kurs steuert, der den Winkel ASB halbiert.

Auf welchem Weg erreicht das Schiff den Hafen?

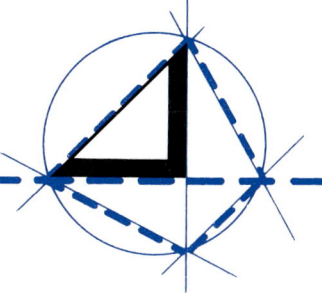

IV. Die mathematischen Abenteuer des Dr. Abrakadabra

92. Ein Zentimetermaß

Die Schneider nennen ein mit einer Zentimetereinteilung versehenes Band ein „Zentimetermaß". Auch Dr. Abrakadabra besitzt so ein Zentimetermaß, nur sieht das (selbstverständlich) anders aus als das der gewöhnlichen Sterblichen. In Abbildung 4 ist es dargestellt.

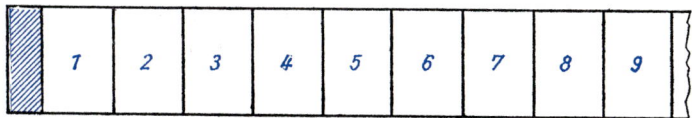

Abb. 4

Am Anfang des Bandes ist eine Metallkante von einem halben Zentimeter Breite angebracht. Dr. Abrakadabra behauptet nun, sein Maß sei besser als die gebräuchlichen. Warum ?

93. Studentenschulden

Sieben Studenten wohnen auf einem Zimmer zusammen. Im Laufe des Jahres leihen sie sich gegenseitig kleine Geldsummen. Dr. Abrakadabra gibt ihnen den Rat, jeder solle sich notieren, wieviel er sich geborgt und wieviel er verliehen habe, ohne dazuzuschreiben, von wem oder an wen das Geld gegeben wurde. Vor der Abreise in die Ferien wollten die Studenten abrechnen, wußten aber nicht, wie sie dabei vorgehen sollten.

Reicht die von Dr. Abrakadabra vorgeschlagene Buchführung zur Regelung der Geldangelegenheiten der Studenten aus ? Wie viele Zahlungen sind im ungünstigsten Falle not-

wendig? Als Zahlung bezeichnen wir jede Übergabe einer
Geldsumme von einem Studenten an einen anderen.

94. Ein Wort ist zu erraten

Dr. Abrakadabra gab öffentlich bekannt, daß er jedes beliebige Wort erraten würde, wenn man ihn 20 Fragen stellen
ließe, auf die mit ja oder mit nein zu antworten wäre, und
wenn das fragliche Wort im Wörterbuch stünde. Wie kann
er seine Behauptung begründen?

95. Die Straßenreinigung

Die Straßenreinigung besitzt in der Stadt, in der Dr. Abrakadabra wohnt, zum Sprengen der Straßen einen Tank-
wagen, jedoch fehlt für diesen eine geeignete Garage. Die
Stadtverwaltung wandte sich an Dr. Abrakadabra mit der
Bitte, auf dem Stadtplan (dieser ist in Abbildung 5 wiedergegeben) den für eine Garage vorteilhaftesten Platz zu be-

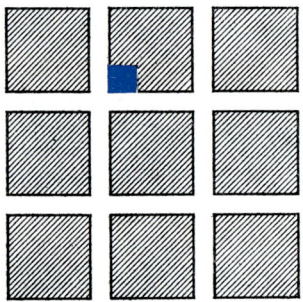

Abb. 5

zeichnen, d. h. eine Stelle, von der aus man auf kürzestem
Wege alle Straßen durchfahren und wieder zur Garage zurückkehren kann. Dr. Abrakadabra wählte sein Haus, das
auf dem Stadtplan hervorgehoben ist. War das berechtigt?

96. Fünf französische Städte

Dr. Abrakadabra, der ein großer Stratege war, verfolgte
aufmerksam die Ereignisse während des zweiten Welt-

krieges und studierte 1940 die französischen Kriegsschauplätze. Dabei ist er wahrscheinlich auch auf das folgende Problem gestoßen.

Die Entfernung (alle Angaben sind in Luftlinie gemessen) von Châlons und Vitry beträgt 30 km; die von Vitry nach Chaumont 80 km; von Chaumont nach Saint-Quentin 236 km; von Saint-Quentin nach Reims 86 km; von Reims nach Châlons 40 km.

In diesem geschlossenen Polygon ist die Entfernung von Reims nach Chaumont zu berechnen. Ohne Landkarte schafft das nur Dr. Abrakadabra!

97. Ein Rechenbrett

Wir wollen uns einmal ein Rechenbrett vorstellen, das aus zehn horizontalen Drähten besteht, auf denen sich jeweils eine Kugel befindet. Diese Kugeln sollen nun alle mit einer konstanten Geschwindigkeit auf den Drähten hin und her geschoben werden, wobei sich ihre Bewegungsrichtung beim Anstoßen an die Seite des Rechenbretts umkehrt. Die Ausgangsstellungen der Kugeln sind unbekannt. Die zu den Drähten senkrechte Symmetrieachse teilt das Rechenbrett in eine linke und eine rechte Hälfte. Die Kugeln mögen sich so bewegen, daß nie mehr als sieben in der rechten Hälfte sind.

Dr. Abrakadabra behauptet nun, daß dort nie weniger als drei Kugeln sein werden.

Hat er recht?

98. Ein Würfelbaukasten

Wie mir Dr. Abrakadabra einst erzählte, erschien vor hundert Jahren eine Abordnung von 25 Offizieren am Hofe des Zaren. Jeweils 5 Offiziere waren aus einem anderen Regiment. Jedes Regiment war durch einen Oberst, einen Oberstleutnant, einen Major, einen Hauptmann und einen Leutnant vertreten. Der General, der die Abordnung hereinführte, ließ die Offiziere in einem Quadrat antreten, und zwar so, daß in jeder Reihe und in jedem Glied Vertreter jedes Dienstgrades und jedes Regiments standen. Darauf fragte ich Dr. Abrakadabra, ob die Offiziere vielleicht Orden getragen hätten? Und ob es fünf verschiedene Orden gewesen wären, die auf alle Regimenter und Dienstgrade verteilt waren, von denen aber jeder Offizier nur einen getragen hätte? Ohne überrascht zu sein, versicherte mir Dr. Abrakadabra, genauso wäre es gewesen, und in jeder Reihe und in jedem Glied wären alle fünf Orden vorgekommen.

Wir wollen die Phantasie des großen Gelehrten noch übertrumpfen und einmal 125 kleine Würfel zu einem großen Würfel zusammenstellen. Vorher kennzeichnen wir jeden Würfel durch eine Farbe (weiß, blau, grün, rot und gelb), durch einen Buchstaben (A, B, C, D, E) und durch eine Ziffer (1, 2, 3, 4, 5), so daß es jeweils von jeder Farbe, mit jedem Buchstaben und mit jeder Ziffer 25 Würfelchen gibt. Beim Zusammensetzen des großen Würfels soll jede horizontale Würfelschicht einen der Aufstellung der Offiziere vergleichbaren Aufbau besitzen, und das sogar dann, wenn wir eine beliebige Fläche des großen Würfels als horizontale Ebene wählen.

99. Eine eigenartige Gruppe

Jemand erzählt, er sei eines Tages mit einer Gruppe zusammen gewesen, zu der (mit ihm) zwölf Personen gehörten, die folgendermaßen gruppiert waren:

a) Jeder kannte genau fünf andere aus der Gruppe.

b) Jeder gehörte zu einer Gruppe von drei Personen, die sich gegenseitig kannten.

c) Es gab keine Gruppe von vier Personen, die einander sämtlich unbekannt waren.

e) Jeder gehörte zu einer Gruppe von drei Personen, die einander nicht kannten.

f) Jeder konnte unter den ihm unbekannten Personen eine finden, mit der zusammen er in der Gruppe keinen gemeinsamen Bekannten besaß.

Nachdem er das gehört hatte, behauptete Dr. Abrakadabra, er habe sich einmal in einer Gruppe befunden, die den Bedingungen b), c), d), e) genügte, in der aber jeder genau sechs andere Personen gekannt habe und in der jeder einen Bekannten hatte, der ihn allen anderen vorstellen konnte. Wie erklärt sich das?

100. Eine merkwürdige Zahl

Dr. Abrakadabra hat sich entschlossen, die mathematische Schreibweise von Grund auf umzugestalten. Er hält es einfach für unerhört, daß es eine den Schulanfängern bekannte Zahl gibt, für die es neben ihrer üblichen Schreibung noch ein Symbol gibt, das diese Kinder erst Jahre später kennenlernen; außerdem gibt es dafür ein drittes, kompliziertes Symbol, von dem die Schüler leider erst erfahren, wenn sie groß sind, und dann sagt ihnen niemand, daß das gerade diese Zahl ist. Nur Dr. Abrakadabra und einige seiner Freunde kennen dieses Geheimnis. Welche Zahl ist das?

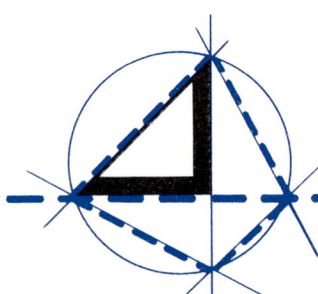

VII. Einige Aufgaben ohne Lösungen

Einige der hier zusammengestellten Aufgaben sind schon gelöst, für viele ist jedoch bisher noch keine Lösung angegeben worden. Neben leichteren Aufgaben finden sich in diesem Kapitel auch schwierige. Jede gelöste Aufgabe ist ein Beweis für die Fähigkeit selbständigen Denkens.

Pluszeichen und Minuszeichen

Die nachstehende Figur setzt sich aus 14 Pluszeichen und 14 Minuszeichen zusammen, die so angeordnet sind, daß unter jedem Paar gleicher Zeichen ein Plus steht, unter jedem Paar verschiedener Zeichen ein Minus.

```
+ + — + — + +
 + — — — — +
  — + + + —
   — + + —
    — + —
     — —
      +
```

Wenn in der ersten Zeile n Zeichen stehen, so umfaßt die betreffende Figur $\frac{1}{2} n (n + 1)$ Zeichen. Unser Beispiel entspricht dem Fall $n = 7$; da $\frac{1}{2} n (n + 1)$ für $n = 3, 4, 7, 8$ 11, 12, ... eine gerade Zahl ist, kann man sich fragen, ob es möglich ist, eine solche Figur mit n Zeichen in der ersten Zeile zu konstruieren. Ist das insbesondere für $n = 12$ möglich?

Die allgemeine Lösung ist nicht bekannt. Wir geben hier für

$n = 12$ und $n = 20$ Lösungen an, aus denen man durch Weglassen der ersten Zeile auch Lösungen für $n = 11$ und $n = 19$ erhält.

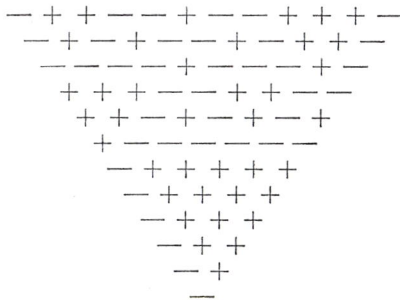

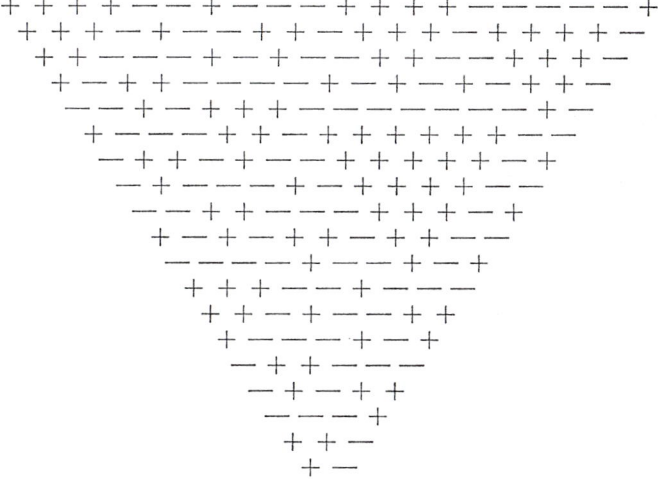

Ein Dreieck im Dreieck

Gegeben seien zwei Dreiecke mit den Seiten a, b, c bzw. a', b', c'. Welchen Beziehungen müssen die Zahlen a, b, c, a', b', c' genügen, damit man das erste Dreieck dem zweiten so einbeschreiben kann, daß die Ecken des ersten auf den Seiten des zweiten liegen?

Kreisteilung

Auf einem Kreis mit dem Umfang 1 markieren wir einen Punkt P und tragen von P aus nacheinander Bögen der Länge v ab, wobei v eine irrationale Zahl ist. Dabei erhalten wir Punkte P_1, P_2, ..., P_n, ..., wobei die Länge jedes Bogens $P_k P_{k+1}$ gleich v ist. Die Punkte P, P_1, ..., P_{n-1} zerlegen den Kreis in n Bögen. Man zeige, daß der Punkt P_n immer in die größte Lücke fällt.

Halbgeraden im Raum

Drei von einem Punkt ausgehende Halbgeraden des Raumes bilden die ebenen Winkel a, b, c (Seitenflächen einer körperlichen Ecke). Welche der nachfolgenden Ungleichungen sind immer richtig und welche immer falsch?

1) $a + b > c$

2) $\sin a + \sin b > \sin c$

3) $\sin \dfrac{a}{2} + \sin \dfrac{b}{2} > \sin \dfrac{c}{2}$

4) $\sin^2 a + \sin^2 b > \sin^2 c$

5) $\sin^2 \dfrac{a}{2} + \sin^2 \dfrac{b}{2} > \sin^2 \dfrac{c}{2}$

Ein unendliches Schachbrett

Auf einem unbegrenzten Schachbrett ist eine aus 100 Schachfeldern bestehende Figur abzugrenzen, so daß der Durchmesser dieses Polygonzuges möglichst klein ausfällt. (Als *Durchmesser* einer Kurve bezeichnen wir den größten Abstand zwischen zwei ihrer Punkte.)

Man berechne diesen Durchmesser. Man gebe den Radius des kleinsten Kreises an, der 100 Schachfelder enthält.

Noch einmal ein Rechenbrett

Wir wollen die Kugeln, von denen im Problem 97 die Rede war, von 1 bis 10 numerieren. Jede Stellung dieser Kugeln ergibt bei ihrer Projektion auf die Grundfläche des Rechenbretts eine der möglichen Permutationen der Zahlen 1, 2, 3, 4, 5, 6, 7, 8, 9, 10. Wir nehmen an, die Kugeln bewegten sich wie in Aufgabe 98 mit konstanter Geschwindigkeit, nur sollen die Geschwindigkeiten jetzt von Kugel zu Kugel verschieden sein. Die Geschwindigkeit jeder Kugel ist in cm/s eine ganze Zahl. Können die Geschwindigkeiten so gewählt werden, daß sich — unabhängig von der Ausgangsstellung der Kugeln — im Verlauf der Bewegung alle möglichen Permutationen ergeben (d. h. alle möglichen Permutationen der Zahlen 1 bis 10)? Wie Dr. Abrakadabra versicherte, kennt er eine Geschwindigkeitsverteilung, bei der sich keine Permutation wiederholt, bevor nicht alle anderen durchlaufen worden sind.

Massenvergleich

Wir haben vier Gegenstände von unterschiedlicher Masse und eine Schalenwaage ohne Wägestücke. Auf der Waage kann die Masse von je zwei Gegenständen verglichen werden. Ohne Schwierigkeiten läßt sich eine Methode angeben, die es gestattet, mit höchstens fünf Wägungen die Reihenfolge der Massen der Gegenstände zu bestimmen. Es ist zu zeigen, daß vier Wägungen dazu im allgemeinen nicht ausreichen.

Man kennt eine Methode, mit deren Hilfe sich die Reihenfolge der Massen von zehn Gegenständen bei 24 Wägungen feststellen läßt. Kann man die Anzahl dieser Wägungen verringern?

Eine Kiste voll Konservendosen

In eine rechteckige Kiste, deren Boden 286 mm lang und 186 mm breit ist, können 16 gleiche zylindrische Konservendosen dicht gepackt werden, die dieselbe Höhe wie die Kiste haben. Jede Vergrößerung des Durchmessers der Konservendosen würde jedoch dazu führen, daß sie nicht mehr alle in die Kiste passen. Welchen Durchmesser haben die Konservendosen?

Vermehrung von Bazillen

Dr. Abrakadabra hat einen neuen Typ stäbchenförmiger Bakterien entdeckt, die sich auf seltsame Weise vermehren. Von einer Bakterie löst sich ein Teil ab und wird zu einer selbständigen Bakterie. Sie ist kürzer als der verbleibende Teil. Wir haben also zwei Bakterien von verschiedener Länge vor uns. Von der längeren der beiden spaltet sich erneut ein Teil ab, der genauso groß ist wie die kürzere Bakterie. Dieser Prozeß dauert so lange an, bis der von der ursprünglichen Bakterie verbleibende Rest kleiner ist als ein Teil, der sich von ihr früher schon abgespalten hat. Dann spaltet sich von der längsten der vorhandenen Bakterien eine neue ab, deren Länge gleich der Länge der kürzesten existierenden Bakterie ist. Diese einzige Regel (zusammen mit der Tatsache, daß die erste Teilung auf zwei ungleiche Teile führt) genügt, um den Vermehrungsprozeß der Kolonie zu beschreiben. Dabei muß jedoch bedacht werden, daß sich in einem gegebenen Augenblick immer nur eine einzige, die größte Bakterie in zwei neue teilt.

Man zeige:

1) In der Kolonie treten nie mehr als drei verschiedene Längen auf.

2) Wenn das Längenverhältnis bei der ersten Teilung irrational ist, gibt es zu gewissen Zeitpunkten Bakterien von drei verschiedenen Längen, und es gibt immer wieder Zeitpunkte, in denen nur zwei Längen vorkommen.

3) Es kann eintreten, daß das Längenverhältnis bei der ersten Teilung im Verlauf der späteren Teilungen erhalten bleibt.

Der Zirkus kommt

Auf einer Wiese an der Landstraße spielen Kinder. Plötzlich erblicken sie dort, wo die Straße aus dem Walde tritt, einen Clown zu Pferde. Ein Zirkus kommt!

Die Kinder wollen zur Straße laufen, um den Clown aus der Nähe zu sehen. Für die weiter von der Straße entfernten Kinder reicht die Zeit nicht aus, diese zu erreichen, aber sie wollen ihn so nah wie möglich sehen. Alle Kinder rennen mit derselben Geschwindigkeit, aber der Clown reitet schneller.

1) Man zeichne die Linie, die denjenigen Teil der Wiese, von dem aus man den Clown noch erreichen kann, von dem Teil trennt, von dem aus das nicht mehr möglich ist.

2) Man gebe den Weg an, dem die auf dieser Linie befindlichen Kinder folgen müssen.

3) Man bestimme den Weg der Kinder, die nicht rechtzeitig an die Straße herankommen.

4) Man gebe den Weg der Kinder an, denen es gelingt, die Straße zu erreichen, bevor der Clown vorüber ist.

Zur Lösung dieser Aufgabe empfehlen wir dem Leser, sich Aufgabe 88 anzusehen.

Drei Cowboys

Drei Cowboys hüten auf einer riesigen quadratischen Weide eine Herde. Sie wollen die Weide so unter sich in drei Stücke aufteilen, daß

1) jeder von ihnen für ein Drittel der Gesamtfläche verantwortlich ist

2) der Abstand, der zwischen jedem Cowboy und dem entferntesten Punkt seines Weidestückes liegt, für alle drei Cowboys gleich ist

3) der größte Abstand so klein wie möglich ist

4) der Cowboy, der einem gegebenen Punkt am nächsten ist, stets der Cowboy ist, in dessen Anteil dieser Punkt liegt.

Man zeige, daß die Aufgabe unlösbar ist. Man gebe eine mögliche Lösung an, wenn man eine oder zwei Bedingungen fortläßt.

Eine Vernehmung

Richter: ,,Der Zeuge hat das Feuer also gesehen? Was machten Sie unmittelbar vor dem Brand?"

Zeuge: ,,Ich ging über die Felder."

Richter: ,,Wie verlaufen in Ihrem Dorf die Feldraine?"

Zeuge: ,,Parallel und senkrecht zur Straße!"

Richter: ,,Zeuge, wanderten Sie ziellos umher?"

Zeuge: ,,Nein, von der Straße her kommend ging ich zwischen den Feldern entlang und sah mir die Felder meines Nachbarn an. Ohne zweimal denselben Weg zu gehen, bin ich zur Straße zurückgekehrt.''

Richter: ,,Zeuge, haben Sie einen Punkt zweimal passiert?''

Zeuge: ,,Nein, aber ich erinnere mich, daß ich zweimal am Rapsfeld vorbeigekommen bin; dabei lag es beim ersten Male rechts von mir, und ich sah das Haus; beim zweiten Mal lag das Feld zur Linken. Dann habe ich gehört, wie man rief: Feuer! Feuer!''

Der Richter befahl, den Zeugen festzunehmen. Warum?

Pfeile auf einem Dodekaeder

Stellen wir uns ein Modell des regelmäßigen Dodekaeders vor. Auf jeder seiner Flächen zeichnen wir einen Pfeil. Man zeige, daß es zwei benachbarte Pfeile geben wird, d. h. Pfeile, die auf aneinanderstoßenden Flächen liegen, die einen Winkel von mehr als 90° bilden.

LÖSUNGEN

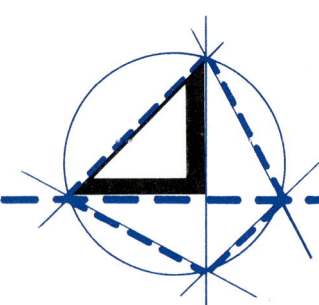

I. Von Zahlen, Gleichungen und Ungleichungen

1. Wir führen den Beweis indirekt.

Zunächst bemerken wir, daß in der gegebenen Folge eine ungerade Ziffer nur zwischen zwei geraden Ziffern auftreten kann. Nehmen wir einmal an, zwei aufeinanderfolgende Ziffern c, d unserer Folge seien ungerade. Dann wären zwei Fälle möglich:

Entweder die Zahl $\overline{cd}$ ist das Produkt zweier vorhergehender aufeinanderfolgender ungerader Ziffern a, b der Folge, oder die Ziffer c ist Einerstelle des Produktes zweier vorhergehender aufeinanderfolgender ungerader Ziffern a, b.

Aus der Annahme, zwei aufeinanderfolgende Ziffern c, d der Folge seien ungerade, würde aber folgen, daß zwei vorhergehende aufeinanderfolgende Ziffern der Folge ungerade sind. Demnach müßten wir unter den ersten drei Ziffern der Folge zwei aufeinanderfolgende ungerade Ziffern haben. Das ist aber nicht der Fall, also ist unsere Annahme falsch.

Aus der Tatsache, daß in unserer Folge niemals zwei benachbarte Ziffern ungerade sind, ergibt sich, daß die Ziffer 9 in dieser Folge nicht vorkommt. Sie könnte nämlich höchstens als Zehnerziffer eines Produktes auftreten, das mindestens gleich 90 ist. Das Produkt zweier einstelliger Zahlen ist jedoch stets kleiner als 90, so daß also 9 weder als Einer- noch als Zehnerstelle vorkommen kann.

Auch die Ziffer 7 könnte höchstens noch an der Zehnerstelle vorkommen. Das einzige zweistellige Produkt zweier einstelliger Zahlen mit 7 als Zehner ist aber $72 = 8 \cdot 9$. Nun tritt aber die Ziffer 9 in der Folge nicht auf. Infolgedessen kommt auch 7 nicht vor.

Schließlich kann auch die Ziffer 5 nicht auftreten; denn die

58

beiden einzigen hier in Frage kommenden zweistelligen Produkte einstelliger Zahlen, von denen eine gerade und die andere ungerade ist, sind $54 = 6 \cdot 9$ und $56 = 7 \cdot 8$. In beiden treten aber die Ziffern 7 oder 9 auf, die wir aus unserer Folge schon ausgeschlossen hatten.

2. Für eine fortlaufende Proportion

$$A : B : C = a : b : c$$

gilt

$$A : a = B : b = C : c.$$

Die Proportion

$$A : B : C = \sqrt[3]{\frac{p}{r}} : \sqrt[3]{\frac{q}{p}} : \sqrt[3]{\frac{r}{q}}$$

z. B. genügt der Bedingung der Aufgabe.
Aus der leicht zu beweisenden Beziehung

$$p \cdot q \cdot r = 1$$

folgt nämlich

$$A : B = \sqrt[3]{\frac{p^2}{qr}} = p, \quad B : C = \sqrt[3]{\frac{q^2}{rp}} = q,$$

$$C : A = \sqrt[3]{\frac{r^2}{pq}} = r.$$

Wenden wir die Beziehung $p \cdot q \cdot r = 1$ nochmals an, so erhalten wir aus der obigen Proportion eine andere, die ebenfalls die Forderung erfüllt, nämlich

$$A : B : C = \sqrt[3]{p^2 q} : \sqrt[3]{q^2 r} : \sqrt[3]{r^2 p}.$$

3. Man kann mehrere Zahlenfolgen $x_1, x_2, \ldots, x_{10}$ angeben, die den Bedingungen der Aufgabe genügen, beispielsweise die beiden folgenden:

0,95, 0,05, 0,34, 0,74, 0,58, 0,17, 0,45, 0,87, 0,26, 0,66
0,06, 0,55, 0,77, 0,39, 0,96, 0,28, 0,64, 0,13, 0,88, 0,48.

Die Zahlen der ersten dieser Folgen sind folgendermaßen auf die Teile des Intervalls [0, 1] verteilt:

x \ n	2	3	4	5	6	7	8	9	10
0,95	2	3	4	5	6	7	8	9	10
0,05	1	1	1	1	1	1	1	1	1
0,34		2	2	2	3	3	3	4	4
0,74			3	4	5	6	6	7	8
0,58				3	4	5	5	6	6
0,17					2	2	2	2	2
0,45						4	4	5	5
0,87							7	8	9
0,26								3	3
0,66									7

Am Kopf der Tabelle ist die Anzahl n der Teile angegeben, in die das Intervall [0, 1] geteilt ist; die erste Spalte enthält die Zahlen $x_1, x_2, \ldots, x_{10}$. Im Schnittpunkt einer Zeile und einer Spalte steht die Nummer des Teilintervalls, in das die betreffende Zahl bei der betreffenden Teilung fällt. Die Bedingungen der Aufgabe sind erfüllt, da in keiner Spalte zwei gleiche Zahlen stehen.

4. Wir wollen eine beliebige n-stellige Zahl des Dezimalsystems folgendermaßen darstellen:

$$L = 10^{n-1}a_n + 10^{n-2}a_{n-1} + \cdots + 10^2 a_3 + 10\, a_2 + a_1;$$

die Summe der Quadrate ihrer Ziffern sei

$$L_1 = a_n^2 + a_{n-1}^2 + \cdots + a_3^2 + a_2^2 + a_1^2.$$

Dann ist

$$L - L_1 = (10^{n-1} - a_n)a_n + (10^{n-2} - a_{n-1})a_{n-1} + \cdots$$
$$+ \cdots + (10^3 - a_4)a_4 + (10^2 - a_3)a_3$$
$$+ (10 - a_2)a_2 - (a_1 - 1)a_1.$$

Offenbar ist

$$(a_1 - 1)a_1 \leqq 72, \text{ d. h. } 8 \cdot 9.$$

Nehmen wir $n \geqq 3$ an, so ist (wegen $a_n \neq 0$)

$$(10^{n-1} - a_n)a_n \geqq 99$$

und

$$(10^{i-1} - a_i)a_i \geqq 0 \text{ für } i = 2, 3, \ldots, n-1;$$

also

$$L > L_1.$$

Geht man von einer gegebenen mindestens dreistelligen Zahl L aus und bildet gemäß der Aufgabenstellung jeweils die Summe der Quadrate der Ziffern, so erhält man eine abnehmende Folge

$$L_1, L_2, L_3, \ldots, \tag{1}$$

solange ihre Glieder mindestens dreistellig sind. (Jedes folgende Glied dieser Zahlenfolge ist kleiner oder gleich dem vorangegangenen.) Diese können jedoch nur natürliche Zahlen sein. Geht man also von einer beliebigen, mindestens dreistelligen Zahl L aus, so erhält man nach einer bestimmten Zahl von Schritten des in der Aufgabe beschriebenen Verfahrens bestimmt eine höchstens dreistellige Zahl. Daraus folgt aber, daß es genügt, die Behauptung der Aufgabe für eine höchstens dreistellige Zahl zu beweisen.

Wir nehmen also an, es sei eine dreistellige Zahl L, d. h. $n = 3$, gegeben. Dann ist $a_3 \neq 0$, und wir erhalten

$$L - L_1 = (100 - a_3)a_3 + (10 - a_2)a_2$$
$$- (a_1 - 1)a_1 \geqq 99 - 72 = 27$$

oder

$$L_1 \leqq L - 27.$$

Aus dieser Ungleichung folgt, daß ein gewisses Glied der Folge (1) eine höchstens zweistellige Zahl ist. Diese Zahl sei

$$L_q = 10\,j + k.$$

Die Glieder der Folge

$$L_{q+1}, L_{q+2}, L_{q+3}, \ldots$$

ändern sich nicht, wenn man L_q durch $10\,k + j$ ersetzt, also die Einer- und Zehnerziffern von L_q vertauscht. Deshalb genügt es ferner, unsere Behauptung nur für solche Zahlen L_q zu beweisen, für die

$$j \geqq k \geqq 0, \; j \geqq 1$$

gilt.

Ist $L = 10\,j + k$, ferner $j \geqq k \geqq 0$ und $j \geqq 1$, so ist L_{q+1} eine der Zahlen der folgenden Tabelle der Werte von $j^2 + k^2$.

k \ j	0	1	2	3	4	5	6	7	8	9
1	1	2								
2	4	5	8							
3	9	10	13	18						
4	16	17	20	25	32					
5	25	26	29	34	41	50				
6	36	37	40	45	52	61	72			
7	49	50	53	58	65	74	85	98		
8	64	65	68	73	80	89	100	113	128	
9	81	82	85	90	97	106	117	130	145	162

Aus der Tabelle können wir die Zahlen 1, 10, 100 und die bereits in der Aufgabe genannten Zahlen 145, 20, 4, 16, 37, 58, 89 streichen.

Für diese ist die Behauptung offensichtlich.

Ferner können wir auch die Zahlen streichen, die sich von den erstgenannten Zahlen oder von anderen Zahlen in der Tabelle durch Vertauschung der Ziffern oder nur durch eine hinzugefügte Null unterscheiden: 2, 40, 50, 52, 61, 73, 80, 81, 85, 90, 98, 130.

Dann bleiben 28 Zahlen übrig, nämlich
5, 8, 9, 13, 17, 18, 25, 26, 29, 32, 34, 36, 41, 45, 49, 53, 64,
65, 68, 72, 74, 82, 97, 106, 113, 117, 128, 162, für die die
Behauptung noch gezeigt werden muß. Die Ergebnisse dieser Betrachtung stellen wir in einer Tabelle zusammen. In
die erste Spalte schreiben wir die Zahl, für die wir die Behauptung prüfen, in die zweite Spalte nacheinander die
Glieder der Folge (1), die sich aus dieser Zahl nach der angegebenen Vorschrift ergeben. (Unnütze Schreibarbeit werden wir sparen!)

5	25	29	85
8	64	52	
9	81		
13	10		
17	50		
18	65	61	
26	40		
32	13		
34	25		
36	45	41	17
49	97	130	
53	34		
68	100		
72	53		
74	65		
82	68		
106	37		
113	11	2	
117	51	26	
128	69	117	
162	41		

Wir gelangen also in jedem Fall schließlich zur Zahl 1 oder
zu einer der Zahlen

145, 42, 20, 4, 16, 37, 58, 89,

die sich periodisch wiederholen, was zu beweisen war.

5. Teilt man die Potenzen 5^α, 4^β, 3^γ (wobei α, β, γ natürliche Zahlen sind, die nicht größer als 5 sind) durch 11, so erhält man die folgenden tabellarisch zusammengestellten Reste:

Zahl	Rest	Zahl	Rest	Zahl	Rest
5^0	1	4^0	1	3^0	1
5^1	5	4^1	4	3^1	3
5^2	3	4^2	5	3^2	9
5^3	4	4^3	9	3^3	5
5^4	9	4^4	3	3^4	4
5^5	1	4^5	1	3^5	1

Wir bezeichnen die Reste, die sich bei der Division der Zahlen 5^α, 4^β, 3^γ durch 11 ergeben, mit $R(5^\alpha)$, $R(4^\beta)$, $R(3^\gamma)$. Diese Reste können aus der obigen Tabelle abgelesen werden.

Es seien k, m, n drei beliebige natürliche Zahlen. Die Zahlen 5^{5k}, 4^{5m}, 3^{5n} geben bei der Division durch 11 den Rest 1. Daher liefern $5^{5k+\alpha}$, $4^{5m+\beta}$, $3^{5n+\gamma}$ bei Division durch 11 die Reste $R(5^\alpha)$, $R(4^\beta)$, $R(3^\gamma)$. Dann ist

$$5^{5k+\alpha} + 4^{5m+\beta} + 3^{5n+\gamma} \tag{1}$$

nur dann durch 11 teilbar, wenn $R(5^\alpha) + R(4^\beta) + R(3^\gamma)$ durch 11 teilbar ist. Das ist insbesondere dann der Fall, wenn

$$k = m = n, \ \alpha = 1, \ \beta = 2, \ \gamma = 0$$

ist.

Es lassen sich noch 14 andere Ausdrücke vom Typ $5^{5k+\alpha} + 4^{5m+\beta} + 3^{5m+\gamma}$ angeben, die durch 11 teilbar sind. Sie ergeben sich, wenn man aus den drei Spalten der obigen Tabelle je eine Zahl so auswählt, daß ihre Summe durch 11 teilbar ist.

6. Der Ausdruck $a^n + b^n$ ist durch $a + b$ teilbar, wenn n ungerade ist. Daher ist die Zahl

$$3^{105} + 4^{105} = (3^3)^{35} + (4^3)^{35}$$

durch $3^3 + 4^3 = 7 \cdot 13$ teilbar. Genauso folgt aus den Gleichungen

$$3^{105} + 4^{105} = (3^5)^{21} + (4^5)^{21},$$

$$3^{105} + 4^{105} = (3^7)^{15} + (4^7)^{15},$$

daß sie durch $3^5 + 4^5 = 7 \cdot 181$ und durch $3^7 + 4^7 = 49 \cdot 379$ teilbar ist.

Es sei erwähnt, daß

$$4^3 \equiv -1 \pmod 5$$

ist (diese Schreibweise besagt, daß 4^3 bei Division durch 5 den Rest -1 liefert). Daraus folgt, daß

$$4^{105} \equiv (-1)^{35} \pmod 5,$$

also

$$4^{105} \equiv -1 \pmod 5$$

ist. Ebenso ist

$$3^2 \equiv -1 \pmod 5,$$

also

$$3^{104} \equiv (-1)^{52} \pmod 5$$

und

$$3^{104} \equiv 1 \pmod 5.$$

Somit ist

$$3^{105} \equiv 3 \pmod 5.$$

Da

$$4^{105} \equiv -1 \pmod 5 \text{ und } 3^{105} \equiv 3 \pmod 5 \text{ sind,}$$

folgt

$$3^{105} + 4^{105} \equiv 2 \pmod 5,$$

so daß die Zahl $3^{105} + 4^{105}$ bei der Division durch 5 den Rest 2 liefert.

Ähnlich ist

$$4^3 \equiv -2 \pmod{11}, \text{ also } 4^{15} \equiv -32 \pmod{11},$$

und wegen

$$-32 \equiv 1 \pmod{11}$$

erhalten wir

$$4^{15} \equiv 1 \pmod{11}$$

und schließlich

$$4^{105} \equiv 1 \pmod{11}.$$

Genauso finden wir, daß

$$3^5 \equiv 1 \pmod{11},$$

oder

$$3^{105} \equiv 1 \pmod{11}$$

ist. Folglich ist

$$3^{105} + 4^{105} \equiv 2 \pmod{11}.$$

Damit ist gezeigt, daß

$$3^{105} + 4^{105}$$

bei Division durch 11 den Rest 2 ergibt.

7.   Für $x > 0$ wächst die linke Seite der Gleichung mit wachsendem x. Man errechnet leicht, daß sie für $x = 1{,}5$ kleiner als 10, für $x = 1{,}6$ größer als 10 ist. Daher liegt eine Wurzel (Lösung) der Gleichung im Intervall $(1{,}5; 1{,}6)$. Alle Zahlen, die sich als Quotient zweier ganzer Zahlen p und q in der Form $\frac{p}{q}$ schreiben lassen, bilden die Menge der rationalen Zahlen. Wir schreiben daher die Wurzeln als nicht kürzbaren Bruch $\frac{p}{q}$. Dann geht die Gleichung über in

$$p^5 + pq^4 = 10\, q^5.$$

Nach dem Wurzelsatz von Vieta muß das Absolutglied unserer Gleichung durch die gesuchte Wurzel teilbar sein: Also ist p ein Teiler von 10. Für p kommen demnach die Zahlen 1, 2, 5, 10 in Betracht. Schreibt man jedoch unkürzbare Brüche mit den Zählern 1, 2, 5, 10 auf, so erkennt man sofort, daß keiner von ihnen in das Intervall (1,5; 1,6) fällt. Die positive Wurzel unserer Gleichung kann also keine rationale Zahl sein.

8. Nehmen wir an, es existierten natürliche Zahlen x, y, z, n derart, daß $n \geqq z$ und $x^n + y^n = z^n$ ist. Man sieht leicht, daß $x < z$, $y < z$ und $x \neq y$ ist.

Aus Symmetriegründen können wir $x < y$ voraussetzen. Dann ist

$$z^n - y^n = (z - y)(z^{n-1} + yz^{n-2} + \cdots + y^{n-1})$$
$$\geqq 1 \cdot nx^{n-1} > x^n,$$

also unsere Annahme $x^n + y^n = z^n$ widerlegt. Damit ist die Behauptung bewiesen.

9. Zum Beweis benötigen wir einen Hilfssatz:
Für positive Zahlen p, q, x, y läßt sich aus den Ungleichungen

$$\frac{1}{p} > \frac{1}{q} \text{ und } x > y$$

die Ungleichung

$$\frac{x}{x + p} > \frac{y}{y + p}$$

folgern. Wegen

$$\frac{1}{p} > \frac{1}{q} > 0 \text{ und } x > y > 0$$

ist nämlich

$$\frac{x}{p} > \frac{y}{q} > 0, \text{ also } \frac{p}{x} < \frac{p}{y}.$$

Dann ist aber

$$0 < 1 + \frac{p}{x} < 1 + \frac{q}{y},$$

oder

$$0 < \frac{x + p}{x} < \frac{y + q}{y},$$

also

$$\frac{x}{x + p} > \frac{y}{y + q},$$

womit der Hilfssatz bewiesen ist.

Da A, B, C, a, b, c, r positive Zahlen sind, ist demnach

$$\frac{1}{c + r} > \frac{1}{C + c + b + r}$$

und $\qquad A + a + B + b > A + a,$

und nach dem oben hergeleiteten Hilfssatz

$$\frac{A + a + B + b}{A + a + B + b + c + r}$$

$$> \frac{A + a}{C + c + A + a + b + r}. \tag{1}$$

Ebenso erhält man

$$\frac{1}{a + r} > \frac{1}{A + a + b + r}$$

und $\qquad B + b + C + c > C + c$

und wieder nach dem Hilfssatz

$$\frac{B + b + C + c}{B + b + C + c + a + r}$$

$$> \frac{C + c}{C + c + A + a + b + r}. \tag{2}$$

Werden die linken bzw. rechten Seiten der Ungleichungen (1) und (2) addiert, so erhalten wir gerade die Ungleichung, deren Richtigkeit wir beweisen wollten.

10. Wir bezeichnen den Ausdruck, dessen Symmetrie bewiesen werden soll, mit w. Offenbar ist

$$w = \begin{cases} 2\,|\,x-y\,| + 2x + 2y & \text{für}\,|\,x-y\,| + x + y - 2z \geqq 0, \\ 4\,z & \text{für}\,|\,x-y\,| + x + y - 2z \leqq 0. \end{cases}$$

Trifft man jetzt noch die Fallunterscheidung

$$x - y \geqq 0 \quad \text{und} \quad x - y \leqq 0,$$

so ergibt sich

$$w = \begin{cases} 4\,x & \text{für } x - z \geqq 0 \text{ und } x - y \geqq 0 \\ 4\,y & \text{für } y - x \geqq 0 \text{ und } y - z \geqq 0 \\ 4\,z & \text{für } z - y \geqq 0 \text{ und } z - x \geqq 0. \end{cases}$$

Es ist also $w = 4 \max \{x, y, z\}$, und hieran erkennt man die Symmetrie unmittelbar.

11. n voneinander verschiedene Elemente lassen sich auf $n! = 1 \cdot 2 \cdot 3 \cdots n$ ($n!$ gesprochen: n Fakultät) verschiedene Weisen anordnen (Permutationen ohne Wiederholung). Sind unter den n Elementen α, β, γ, ... untereinander gleiche, so lassen sich

$$\frac{n!}{\alpha!\,\beta!\,\gamma!\ldots}$$

verschiedene Anordnungen finden (Permutationen mit Wiederholung).
Es existieren also 90 verschiedene Anordnungen. Sehen wir jedoch diejenigen Anordnungen, die durch Vertauschen von Buchstaben auseinander hervorgehen, als nicht wesentlich verschieden an, so erhalten wir nur $90 : 6 = 15$ verschiedene Gruppen von Anordnungen; denn es gibt $6 = 3!$ verschiedene Anordnungen der drei Buchstaben a, b, c, nämlich

$$a\,b\,c,\ a\,c\,b,\ b\,a\,c,\ b\,c\,a,\ c\,a\,b,\ c\,b\,a.$$

Wir schreiben nun von diesen 15 verschiedenen Gruppen von Anordnungen je eine auf, und zwar diejenige, deren erster Buchstabe a ist, deren zweiter, von a verschiedene Buchstabe, der Buchstabe b ist und deren dritter, von den

vorhergehenden Buchstaben verschiedene Buchstabe, der
Buchstabe c ist:

1)	$a\,a\,b\,b\,c\,c$	$(a\,a\,b\,b\,c\,c$	1)
2)	$a\,a\,b\,c\,b\,c$	$(a\,b\,a\,b\,c\,c$	4)
3)	$a\,a\,b\,c\,c\,b$	$(a\,b\,b\,a\,c\,c$	7)
4)	$a\,b\,a\,b\,c\,c$	$(a\,a\,b\,c\,b\,c$	2)*
5)	$a\,b\,a\,c\,b\,c$	$(a\,b\,a\,c\,b\,c$	5)
6)	$a\,b\,a\,c\,c\,b$	$(a\,b\,b\,c\,a\,c$	8)
7)	$a\,b\,b\,a\,c\,c$	$(a\,a\,b\,c\,c\,b$	3)*
8)	$a\,b\,b\,c\,a\,c$	$(a\,b\,a\,c\,c\,b$	6)*
9)	$a\,b\,b\,c\,c\,a$	$(a\,b\,b\,c\,c\,a$	9)
10)	$a\,b\,c\,a\,b\,c$	$(a\,b\,c\,a\,b\,c$	10)
11)	$a\,b\,c\,a\,c\,b$	$(a\,b\,c\,b\,a\,c$	12)
12)	$a\,b\,c\,b\,a\,c$	$(a\,b\,c\,a\,c\,b$	11)*
13)	$a\,b\,c\,b\,c\,a$	$(a\,b\,c\,b\,c\,a$	13)
14)	$a\,b\,c\,c\,a\,b$	$(a\,b\,c\,c\,a\,b$	14)
15)	$a\,b\,c\,c\,b\,a$	$(a\,b\,c\,c\,b\,a$	15)

Neben jeder Anordnung stehen in Klammern ein Repräsen-
tant und die Nummer derjenigen Gruppe von Anordnungen,
die wir aus den Anordnungen der vorliegenden Gruppe dadurch erhalten, daß wir sie in umgekehrter Reihenfolge auf-
schreiben. Als Vertreter wählen wir eine Anordnung, bei der
a der erste Buchstabe ist, der zweite, davon verschiedene
Buchstabe, der Buchstabe b ist, während der dritte, von den
vorigen verschiedene Buchstabe, der Buchstabe c ist.
Offenbar unterscheiden sich die mit einem Stern bezeichneten Gruppen 4, 7, 8 und 12 nicht wesentlich von den
Gruppen 2, 3, 6 und 11, wenn man diese in umgekehrter
Reihenfolge nimmt. Daher gibt es insgesamt 11 wesentlich
verschiedene Gruppen von Anordnungen. Davon liefern
7 Gruppen je 6 Anordnungen, 4 je 12, so daß insgesamt die
schon genannten 90 Anordnungen existieren.

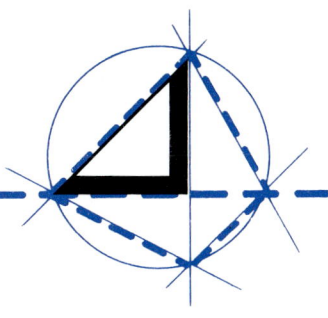

II. Punkte, Polygone, Kreise und Ellipsen

12.   I. Die erhaltene Figur möge ein geschlossenes Polygon $ABCDE \cdots MN$ enthalten. Wir nehmen außerdem an, es sei $AN < AB$, d. h., der Punkt A sei mit dem Punkt N als nächstgelegenem verbunden. Dann ist $AB < BC$. Die Punkte B und C sind durch eine Strecke verbunden, also ist $BC < CD$. Durch ähnliche Überlegungen erhalten wir $CD < DE < \cdots < MN < NA$, also $AB < NA$, und das widerspricht unserer Annahme $AN < AB$.

In ähnlicher Weise führt die Bedingung $AN > AB$ zu einem Widerspruch. Also kann die Figur kein geschlossenes Polygon enthalten.

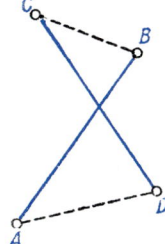

Abb. 6

II. Die gezeichnete Figur möge zwei sich schneidende Strecken AB und CD (Abb. 6) enthalten.

Wir nehmen an, die Punkte A und B seien so durch Strecken verbunden, daß B der zu A nächstgelegene Punkt ist und D der zu C nächstgelegene. Dann ist

$$AB < AD, CD < CB, \text{ also } AB + CD < AD + CB.$$

Das widerspricht aber dem Satz, daß in einem konvexen

71

Viereck die Summe der Diagonalen größer ist als die Summe je zweier gegenüberliegender Seiten.

Damit ist auch der zweite Teil des Satzes bewiesen.

13. Jawohl, das ist der Fall. Da es nämlich nur endlich viele Geraden gibt, von denen jede durch zwei beliebige der gegebenen $3n$ Punkte geht, können wir eine Gerade wählen, die durch keinen dieser $3n$ Punkte geht und so verläuft, daß alle diese Punkte auf einer Seite dieser Geraden liegen. Verschieben wir nun diese Gerade parallel zu sich in der Ebene, so werden zunächst alle Punkte auf einer Seite liegen, dann wird die Gerade nacheinander durch den ersten, den zweiten, ..., schließlich durch den $3n$-ten Punkt gehen. Durch die Geraden durch den 3., 6., ..., ($3n$-ten) Punkt wird die Ebene in Streifen zerlegt, und in jedem dieser Streifen liegt nur ein einziges Dreieck. In derselben Weise kann man Vierecke, Fünfecke usw. konstruieren, die sich nicht überdecken und nicht ineinander liegen.

14. Die Antwort auf diese Frage ist bejahend: Man kann in den Knoten des Netzes die Zeichen „+" und „—" so verteilen, daß die Bedingungen der Aufgabe erfüllt sind.

Wir gehen von der Bemerkung aus, daß bei der Lösung nur die beiden folgenden Fälle (Abb. 7) eintreten können:

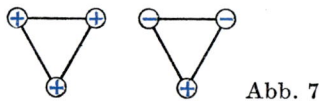

Abb. 7

1) An den drei Ecken jedes gleichseitigen Dreiecks stehen Pluszeichen

2) An zwei Ecken jedes Dreiecks stehen Minuszeichen, und an der dritten das Pluszeichen

Den ersten Fall wollten wir außer acht lassen. Durch entsprechendes Aneinanderlegen der Dreiecke aus Abbildung 7 können wir ein unendliches Band bilden (Abb. 8), an dessen Rändern die Zeichen in einer sich wiederholenden Dreierfolge auftreten: +, —, —. Setzen wir nun lauter solche Bänder in geeigneter Weise zusammen, dann überdecken

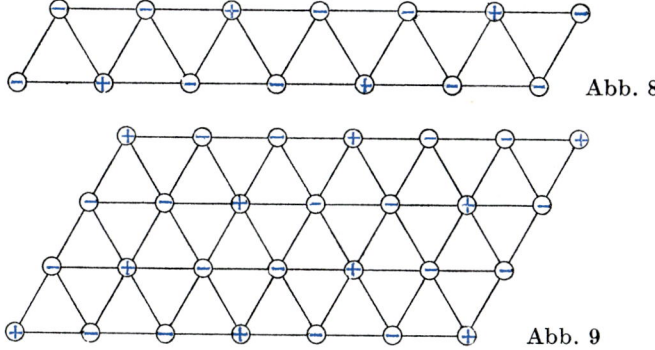
Abb. 8

Abb. 9

wir die ganze Ebene mit einem Netz von gleichseitigen Dreiecken, das die Bedingungen der Aufgabe erfüllt (Abb. 9). Wie die Konstruktion des Netzes zeigt, ist die Verteilung der Zeichen auf die Knoten des Netzes eindeutig.

15. Wir beweisen das indirekt und nehmen an, die Ebene ließe sich mit einem Netz von Dreiecken so überdecken, daß in jedem Knoten W fünf Dreiecke zusammenstoßen (Abb. 10). Dann müßte die Summe der Winkel an der Ecke

Abb. 10   Abb. 11   Abb. 12

W von jeweils vier dieser fünf Dreiecke größer sein als $180°$. Wir greifen nun ein beliebiges, zum Netz gehörendes Dreieck T (Abb. 11) heraus. Die Dreiecke des Netzes, die mit T wenigstens einen Punkt gemeinsam haben, bilden dann ein Sechseck S (Abb. 12). An jeder der Ecken A_1, A_2, A_3 des Sechsecks stoßen dann drei, in den restlichen drei Ecken B_1, B_2, B_3 jeweils zwei Dreiecke des Sechsecks aneinander. Nun hängen wir an den Ecken A_1, A_2, A_3 des Sechsecks S

je zwei Dreiecke (Abb. 13) und an den Ecken B_1, B_2, B_3 je ein weiteres Dreieck an (Abb. 14). Dann entsteht aus dem Sechseck S und dem Gürtel der angehängten Dreiecke ein Dreieck C_1, C_2, C_3. In jeder Ecke dieses Dreiecks stoßen jeweils vier Dreiecke des Netzes aneinander, und die Summe

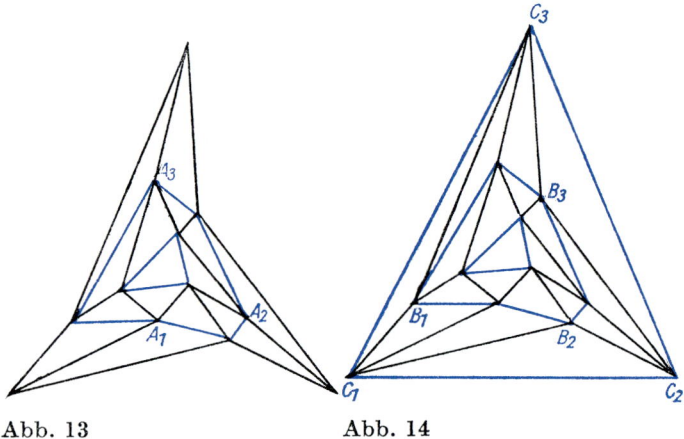

Abb. 13   Abb. 14

ihrer Winkel an jeder dieser Ecken ist kleiner als 180°. Das widerspricht aber der Bemerkung, von der wir ausgingen. Dieser Widerspruch zeigt, daß es Netze mit je 5 Dreiecken an jedem Knoten nicht gibt.

16. Zur Abkürzung sei $r = \sqrt{x_1^2 + \cdots + x_{k-1}^2}$, $a = x_k$, $b = x_{k+1}$. Wir zeigen zunächst: Ist $a < b$, so ergibt die Anordnung

$$x_1, x_2, \ldots, x_{k-1}, b, a, x_{k+2}, \ldots, x_n$$

einen kleineren Winkel als die ursprüngliche Anordnung

$$x_1, x_2, \ldots, x_{k-1}, a, b, x_{k+2}, \ldots, x_n.$$

Zu diesem Zweck genügt es, den Winkel $P_{k-1}OP_{k+1}$ in den beiden Anordnungen zu vergleichen. In Abbildung 15 entspricht der Winkel $P'_{k+1}OP_{k-1}$ der ursprünglichen Anordnung, der Winkel $P''_{k+1}OP_{k-1}$ der geänderten. Da $OP'_{k+1} = OP''_{k+1}$ $(= \sqrt{r^2 + a^2 + b^2})$ ist, muß die Ungleichung $P''_{k+1}R'' < P'_{k+1}R'$ bewiesen werden.

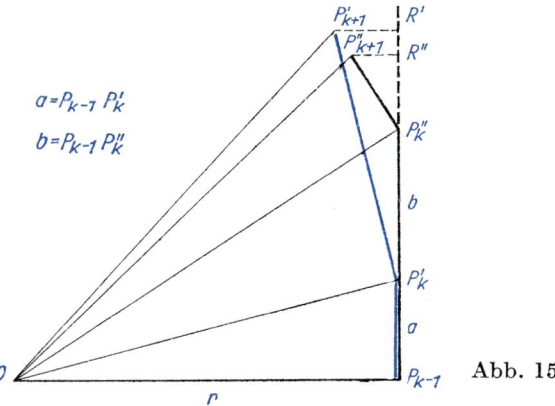

Abb. 15

Aus der Abbildung lesen wir die Proportionen

$$P''_{k+1} : b = a : \sqrt{b^2 + r^2}$$

bzw.

$$P'_{k+1} R' : a = b : \sqrt{a^2 + r^2}$$

ab und führen mit diesen Beziehungen die zu beweisende Ungleichung in die Form

$$\frac{ab}{\sqrt{b^2 + r^2}} < \frac{ab}{\sqrt{a^2 + r^2}}$$

über. Diese Ungleichung folgt aber aus der Annahme $a < b$.

17. Ist in einem Dreieck ABC mit den Seiten a, b, c der Winkel bei A gleich $60°$, so ist $\sphericalangle B + \sphericalangle C = 120°$. Sechs solcher Dreiecke kann man nun zu einem Fächer zusammenlegen, der von außen durch ein regelmäßiges Sechseck mit der Seite a und von innen durch ein regelmäßiges Sechseck mit der Seite $b—c$ begrenzt ist (Abb. 16).

Wir berechnen nun den Inhalt der beiden Sechsecke. Jedes regelmäßige Sechseck können wir uns aus 6 gleichseitigen Dreiecken zusammengesetzt denken. Der Flächeninhalt eines gleichseitigen Dreiecks ist aber $F = \dfrac{3}{4}\, g^2$, wenn g die Seite des Dreiecks ist. In unserem Falle ist $g = a$ bzw.

75

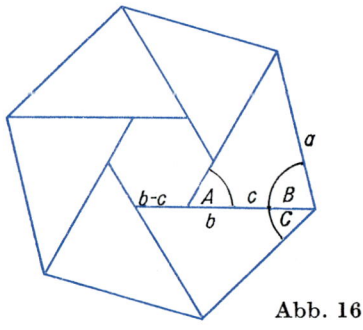

Abb. 16

$g = b - c$. Wir erhalten also die in der Aufgabe angegebene Formel

$$S = \frac{\sqrt{3}}{4} \left[a^2 - (b - c)^2\right].$$

Ist der Winkel bei A gleich $120°$, so ist $\sphericalangle B + \sphericalangle C = 60°$. Drei solcher Dreiecke lassen sich zu einem Fächer zusammenlegen (Abb. 17). Eine ähnliche Überlegung wie oben führt zu Formel (2).

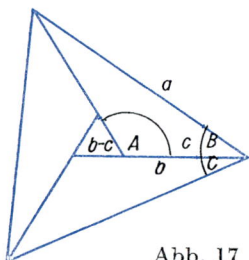

Abb. 17

18. Um ein Dreieck derart in eine bestimmte Zahl von Dreiecken zu zerlegen, daß in jeder Ecke der entstehenden Figur gleich viele Seiten zusammenstoßen, benutzen wir regelmäßige Polyeder, deren Seitenflächen Dreiecke sind. Das können folgende Polyeder sein: das Tetraeder, das Oktaeder und das Ikosaeder und nur diese. Ein Tetraeder ist eine Pyramide mit dreieckiger Grundfläche; ein Oktaeder eine Doppelpyramide, die von 8 Dreiecken begrenzt ist und bei der in jeder Ecke vier Kanten zusammentreffen. Ein

Ikosaeder ist ein Polyeder, das von 20 Dreiecken begrenzt wird und bei dem in jeder Ecke fünf Kanten zusammenstoßen. Diese Körper heißen regelmäßig, wenn die begrenzenden Seitenflächen gleichseitige Dreiecke sind.

Wählt man im Äußeren des Tetraeders einen Punkt in der Nähe des Mittelpunktes einer Seitenfläche und projiziert aus diesem Punkt die Kanten auf die Ebene, so erhält man die in Abbildung 18 dargestellte Figur. Sie besteht aus vier Dreiecken, die den Seitenflächen des Tetraeders entsprechen; die vierte Seitenfläche ging bei der Projektion in das große Dreieck ABC über. In jeder Ecke der Figur stoßen drei Seiten zusammen, da in jeder Ecke des Tetraeders drei Kanten zusammenstoßen.

In ähnlicher Weise erhält man mittels Zentralprojektion aus dem regelmäßigen Oktaeder eine Figur aus 7 Dreiecken, wobei in jeder Ecke vier Seiten zusammenstoßen (Abb. 19), und aus dem regelmäßigen Ikosaeder eine aus neunzehn Dreiecken bestehende Figur, in deren Ecken jeweils fünf Seiten zusammenstoßen (Abb. 20).

Es existiert keine Figur, die den Bedingungen der Aufgabe

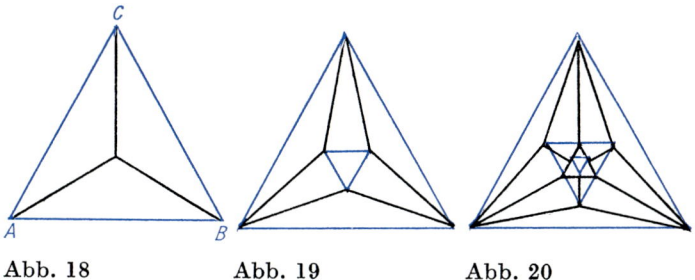

Abb. 18 Abb. 19 Abb. 20

genügt und von den in den Abbildungen dargestellten Figuren verschieden ist; ihr müßte nämlich ein von den drei oben angegebenen verschiedenes regelmäßiges Polyeder entsprechen. Es gibt aber kein solches Polyeder.

19. Das kleinere Viereck (Abb. 21) ist ein Parallelogramm; denn seine Seiten sind paarweise den Diagonalen des ersten Vierecks parallel. Diese Diagonalen zerlegen das große Viereck in vier Dreiecke und das kleine Viereck in vier Parallelo-

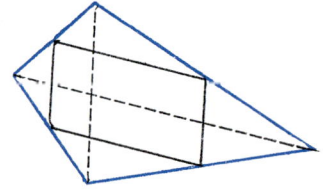 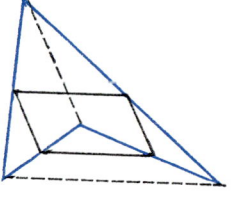

Abb. 21   Abb. 22

gramme. Der Flächeninhalt jedes dieser Parallelogramme
ist halb so groß wie der Flächeninhalt des entsprechenden
Dreiecks. Folglich ist der des kleineren Vierecks gleich der
Hälfte des Flächeninhalts des großen Vierecks.

Das gilt auch für ein nichtkonvexes Viereck (Abb. 22). Allerdings muß in diesem Falle der Beweis abgewandelt werden. Die Addition der Flächeninhalte der entsprechenden
Dreiecke bzw. Parallelogramme wird durch die Subtraktion
von Parallelogrammen ersetzt.

20.   Es ist unmöglich, die Gitterpunkte des Netzes in der
beschriebenen Weise zu bezeichnen.

Zum Beweis nehmen wir an, die Knoten des Netzes ließen
sich so bezeichnen, wie es in der Aufgabe angegeben ist.
Dazu betrachten wir irgendeine Zeile aus dem Netz
(Abb. 23). In dieser Zeile müssen dann drei Knoten aufein-
anderfolgen, in denen drei verschiedene Buchstaben stehen,
zum Beispiel a, b, c. (Anderenfalls würde diese Zeile höchstens zwei verschiedene Buchstaben umfassen. Das widerspricht der Aufgabenstellung.)

In der nächsten Zeile (Abb. 24) müssen unter den mit a, b, c
bezeichneten Knoten mit c, d, a bezeichnete Knoten stehen,
wenn die Bezeichnung den gestellten Bedingungen entsprechen soll. Die Knoten in der folgenden Zeile müssen dann
die Buchstaben a, b, c tragen (Abb. 25).

Führen wir diese Überlegung weiter, so sehen wir, daß in
jeder der drei Spalten des betrachteten Netzausschnittes
nur zwei verschiedene Buchstaben vorkommen: In der
ersten Spalte nur die Buchstaben a und c, in der zweiten
b und d, in der dritten c und a.

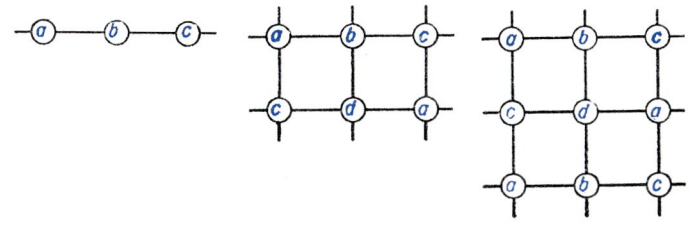

Abb. 23   Abb. 24   Abb. 25

Somit können in den Knoten jeder Zeile und jeder Spalte nicht vier verschiedene Buchstaben auftreten. Das Netz läßt sich also nicht in der gewünschten Weise bezeichnen.

21.   Gäbe es zwei Gitterpunkte (x, y) und (u, v) auf einem Kreis mit dem Mittelpunkt $\left(\sqrt{2},\ \sqrt{3}\right)$, so bestünde die Beziehung

$$\left(x - \sqrt{2}\right)^2 + \left(y - \sqrt{3}\right)^2 = \left(u - \sqrt{2}\right)^2 + \left(v - \sqrt{3}\right)^2\,;$$

daraus ergibt sich

$$c\,\sqrt{2} + d\,\sqrt{3} = u^2 + v^2 - x^2 - y^2 = n\,,$$

wobei n eine ganze Zahl ist und c und d durch

$$c = 2\,(u - x)\,,\ d = 2\,(v - y)$$

definiert sind. Daraus würde folgen

$$2\,c^2 + 3\,d^2 + 2\,cd\,\sqrt{6} = n^2\,.$$

Da $\sqrt{6}$ irrational ist, c, d und n ganze Zahlen sind, ergäbe sich für $cd \neq 0$ ein Widerspruch. Es muß also $cd = 0$ sein. Für $c = 0$ wird $d\,\sqrt{3} = n$, also $d = 0$ und $n = 0$; ebenso folgt aus $d = 0$, daß $c = 0$ ist. Also ist $c = d = 0$, und daraus folgt unmittelbar $x = u$, $y = v$. Die Punkte stimmen also überein.

22.   Man löse zuvor Aufgabe 21. Diese Lösung zeigt: Die in einem Kreis mit dem Mittelpunkt $\left(\sqrt{2},\ \sqrt{3}\right)$ und dem Radius r enthaltenen Gitterpunkte werden durch die Funktion $f(r)$ bestimmt. Diese Funktion wächst mit wachsendem r sprungweise jeweils um eins.

Wir zeigen nun:

1. Für hinreichend kleine Werte von r ist $f(r)$ null.
2. Für hinreichend große Werte von r nimmt $f(r)$ beliebig große Werte an.

Für $r = 0$ und $r = 1$ ist offensichtlich $f(r) = 0$. Jedes achsenparallele Quadrat, dessen Seiten länger als eine ganze Zahl n sind, enthält mindestens n^2 Gitterpunkte. Denn zwischen den Geraden $x = a$ und $x = a + n$ liegen mindestens n Spalten des Gitters, und zwischen den Geraden $y = b$ und $y = b + n$ mindestens n Zeilen des Gitters. Nun umfaßt aber jeder Kreis mit einem Radius größer als n ein Quadrat, dessen Seiten parallel zu den Koordinatenachsen und größer als n sind. Ein solcher Kreis enthält also wenigstens n^2 Gitterpunkte. Also ist $f(r)$ für $r = n + 1$ größer als n^2. Mehr aber brauchen wir für unseren Beweis nicht. Er beruht also wesentlich auf der Tatsache, daß eine nicht beschränkte Funktion, die von null ausgehend sprungweise immer um eins wächst, alle positiven ganzen Werte annimmt. (Eine Funktion $f(x)$ heißt in einem Intervall beschränkt, falls es eine Konstante k so gibt, daß für jedes x dieses Intervalls $|f(x)| \leq k$ gilt.)

23.   Wir setzen (Abb. 26)

$$OA_0 = a, \ OB_0 = b.$$

Aus der Aufgabenstellung folgt

$$b = aq,$$

wobei

$$q = \frac{\sqrt{5} - 1}{2} \ \text{ist.}$$

Die Länge der Seiten des ersten abgeschnittenen Quadrates ist gleich aq, die der Seiten des zweiten gleich aq^2, die des dritten gleich aq^3 usw.

Wenn wir das erste Quadrat abgeschnitten haben, nennen wir den Schnittpunkt mit der x-Achse A_1. Wir schneiden das zweite Quadrat ab, und nennen den Schnittpunkt mit der Diagonale A_0B_0 des ursprünglichen Rechtecks B_1. Wenn

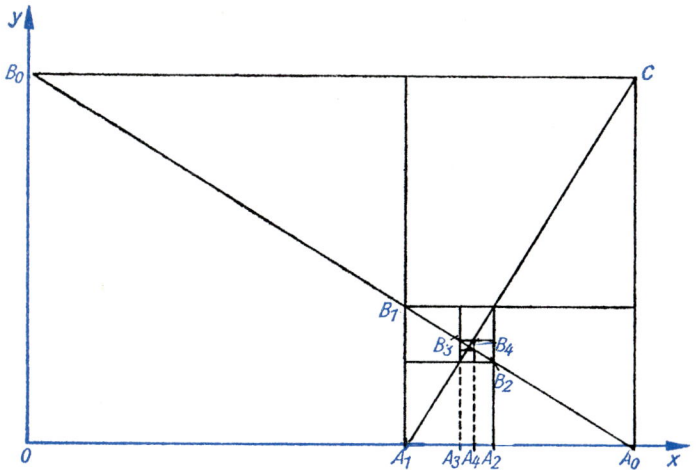

Abb. 26

wir das dritte Quadrat abgeschnitten haben, finden wir auf der x-Achse A_2. Haben wir das vierte Quadrat abgeschnitten, so ist mit B_2 der Schnittpunkt mit der Diagonale A_0B_0 bezeichnet. Dieses Verfahren läßt sich hinreichend lange fortsetzen.

Wir setzen nun

$$OA_n = x_n, \qquad A_nB_n = y_n \qquad (n = 1, 2, \ldots).$$

Die Strecken $OA_1 = x_1, OA_3 = x_3$, $OA_5 = x_5$, ... bilden eine wachsende Zahlenfolge, während die Strecken $OA_2 = x_2$, $OA_4 = x_4$, $OA_6 = x_6$, ... eine abnehmende Zahlenfolge bilden. Beide Folgen konvergieren gegen denselben Grenzwert, der die Abszisse x eines Punktes A ist. Wegen

$$OA_1 = aq, A_1A_3 = aq^5, A_3A_5 = aq^9, \ldots$$

ergibt sich

$$x = \lim_{n \to \infty} x_{2n+1} = aq + aq^5 + aq^9 + \cdots = \frac{aq}{1 - q^4} \cdot$$

Ebenso sieht man, daß die Strecken $y_1 = A_1B_1, y_3 = A_3B_3$, $y_5 = A_5B_5$, ... eine abnehmende Folge bilden, und die Strecken $y_2 = A_2B_2, y_4 = A_4B_4, y_6 = A_6B_6$, ... eine zunehmende Folge. Beide Folgen konvergieren gegen denselben Grenzwert, der die Ordinate y des Punktes A ist. Es ist

$$y = \lim_{n \to \infty} y_{2n} = aq^4 + aq^8 + \cdots = \frac{aq^4}{1 - q^4}.$$

Von dem ursprünglichen Rechteck bleibt also nur der Punkt A mit den Koordinaten

$$x = \frac{aq}{1 - q^4}, \qquad y = \frac{aq^4}{1 - q^4}$$

übrig. Der Punkt A ist der Schnittpunkt der zueinander senkrechten Geraden A_0B_0 und A_1C, was der Leser leicht zeigen kann.

24. Wir wollen annehmen, zu n Punkten, von denen keine drei auf einer Geraden liegen, könne stets ein geschlossenes n-Eck gefunden werden, dessen Ecken diese Punkte sind und dessen Seiten sich nicht überschneiden. Nun wählen wir $n + 1$ Punkte, so daß keine drei auf einer Geraden liegen. Unter diesen Punkten gibt es einen, den Punkt P zum Beispiel, den man durch eine Gerade von den anderen Punkten trennen kann. Es sei W_n ein Polygon, das entsprechend unserer Annahme die in der Aufgabe gestellten Bedingungen erfüllt und dessen Ecken die von P getrennt liegenden n Punkte sind.
Die Antwort auf unser Problem fällt positiv aus, wenn wir zeigen können, daß wenigstens eine Seite des Polygons W_n von P aus ganz zu sehen ist. Wenn wir nämlich diese Seite durch die beiden Strecken ersetzen, die den Punkt P mit den Endpunkten dieser Seite verbinden, so erhalten wir ein Polygon W_{n+1}, das den Bedingungen der Aufgabe genügt. Wir wählen irgendeine Seite des Polygons W_n, zum Beispiel A_iA_{i+1}. Wenn diese Seite von P aus nicht vollständig zu sehen sein sollte, d. h., wenn sie ganz oder teilweise von einer anderen Seite des Polygons W_n verdeckt wird, dann legen wir durch die Seite A_iA_{i+1} eine Gerade und entfernen alle diejenigen Seiten des Polygons, die durch diese Gerade ganz vom Punkt P getrennt werden. Nach dieser Operation verringert sich die Anzahl der noch vorhandenen Seiten um wenigstens eine (und zwar die Seite A_iA_{i+1}). Dieselbe Operation wiederholen wir mit den übrigen Seiten des Polygons, wobei wir wieder eine beliebige Stelle wählen.

Nach höchstens n Wiederholungen dieser Operation liegt auf der letzten Geraden eine einzige Seite von W_n, und diese ist von P aus ganz zu sehen. Entfernen wir diese Seite und verbinden ihre Endpunkte durch Strecken mit P, so erhalten wir das gesuchte $(n+1)$-Eck.

Da unsere Annahme im Falle $n = 3$ offensichtlich erfüllt ist, ist die positive Antwort auf die in der Aufgabe gestellte Frage durch vollständige Induktion als bewiesen anzusehen.

25. Wir zeichnen durch die Punkte P_1, P_2, P_3 und P_1, P_2, P_4 jeweils einen Kreis. Wenn der Punkt P_4 in dem Kreis $P_1P_2P_3$ liegt oder wenn der Punkt P_3 in dem Kreis $P_1P_2P_4$ liegt, ist die positive Antwort auf die in der Aufgabe gestellte Frage sichtbar. Wir wollen daher annehmen, daß keiner der beiden Fälle vorliege. Wie man leicht sieht, zerfällt dann der außerhalb des Kreises $P_1P_2P_4$ liegende Bogen des Kreises $P_1P_2P_3$ in drei Teile: P_1P_3', $P_3'P_3''$, $P_3''P_2$ (Abb. 27); wenn dabei der Punkt P_3 auf P_1P_3 liegt, so liegt der Punkt P_1 in dem Kreis $P_2P_3P_4$; wenn der Punkt P_3 auf $P_3''P_2$ liegt, so liegt der Punkt P_2 im Kreis $P_1P_3P_4$; wenn der Punkt P_3 auf $P_3'P_3''$ liegt, gelten beide obenstehenden Aussagen.

Wir bemerken noch, daß eins (Abb. 28) oder zwei von den

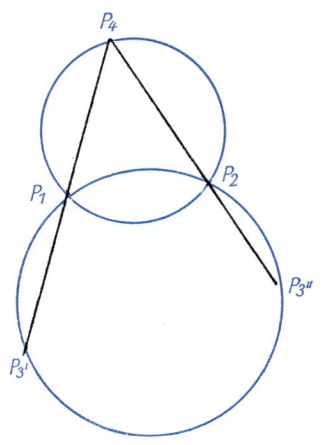

Abb. 27

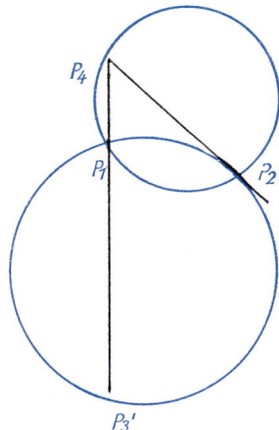

Abb. 28

drei obengenannten Teilstücken verschwinden können. Die Antwort auf das gestellte Problem bleibt jedoch immer bejahend.

26. Die gesuchte Kurve erhalten wir, indem wir die Ellipse in vier Teile zerschneiden und diese so zusammensetzen, wie es Abbildung 29 zeigt.

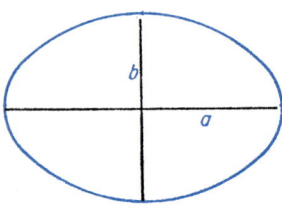 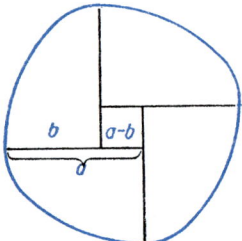

Abb. 29

Es gibt aber noch eine andere Lösung, bei der die Ellipse nicht stückweise gedreht zu werden braucht. Wir verbinden die Scheitel der Ellipse durch Sehnen (Abb. 30). Dabei erhalten wir einen Rhombus, der von den vier Ellipsenbögen umgeben ist. Wir ersetzen diesen Rhombus, dessen Flächeninhalt $2\,ab$ beträgt, durch ein Quadrat mit dem Flächeninhalt $c^2 = a^2 + b^2$, so daß die vier Segmente der Ellipse noch die Seiten des Quadrates überspannen. Der von dieser Kurve eingeschlossene Flächeninhalt vergrößert sich um die Differenz der Flächeninhalte von Quadrat und Rhombus, d. h. um

$$c^2 - 2\,ab = a^2 + b^2 - 2\,ab = (a - b)^2,$$

wie bei der vorhergehenden Lösung.

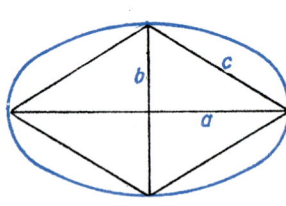 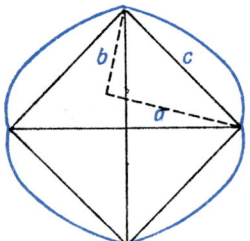

Abb. 30

III. Geometrie im Raum

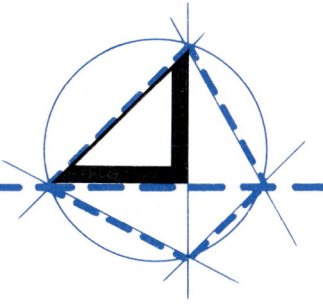

27. Bei der Drehung des Würfels um eine Achse bleibt der Faden nur auf denjenigen Kanten haften (Abb. 31). die mit der Drehachse keinen Punkt gemeinsam haben. Der Faden überdeckt die Hälfte jeder Seitenfläche, insgesamt also die Hälfte der Würfeloberfläche.

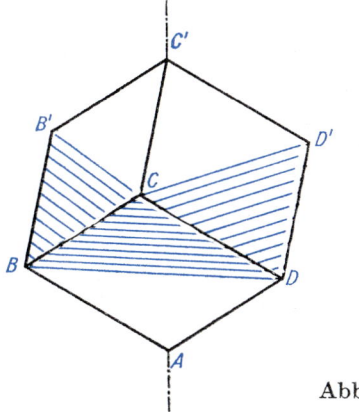

Abb. 31

Jetzt drehen wir den Würfel nacheinander um jede seiner vier Diagonalen, wobei wir jedesmal einen andersfarbigen Faden nehmen.

Bei der Drehung um die Achse AC' verwenden wir einen schwarzen Faden (nennen wir ihn a), bei der Drehung um DB' einen roten (b), bei der Drehung um BD' einen gelben (c), und bei der Drehung um CA' schließlich einen blauen (d).

Der Würfel wird danach so gefärbt sein, wie es Abbildung 32 zeigt; jede Seitenfläche ist in vier Dreiecke zerlegt; die in

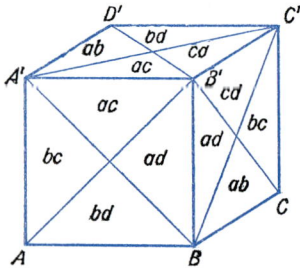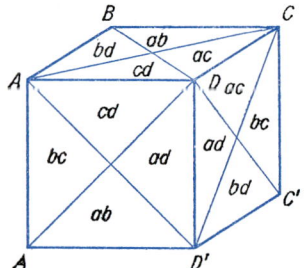

Abb. 32

den einzelnen Dreiecken stehenden Buchstaben geben die
Farben der Fäden an, die sie überdecken.

Man stellt mühelos fest:

1. Auf der Würfeloberfläche ergeben sich sechs Farbtöne,
d. h. so viele, wie es Kombinationen von vier Elementen zu
je zweien gibt: ab, ac, ad, bc, bd und cd.

2. Auf jeder Seitenfläche gibt es vier verschiedene Farbtöne.

3. Die Würfeloberfläche ist von zwei Schichten des Fadens
bedeckt.

4. Gegenüberliegende Seitenflächen des Würfels tragen die
gleichen Farbtöne, jedoch in umgekehrter Reihenfolge.

28.   Wir werden zeigen, daß durch jeden Punkt der Würfeloberfläche vier Geodätische gehen; insgesamt gibt es sieben
Scharen von Geodätischen.

Wenn wir annehmen, der Würfel sei glatt, dann legt sich
der auf dem Würfel angebrachte Gummiring so, daß der
Umfang des von ihm gebildeten Polygons so klein wie möglich ist.

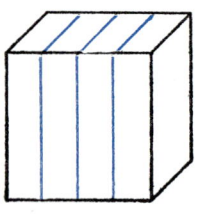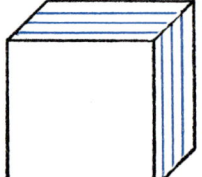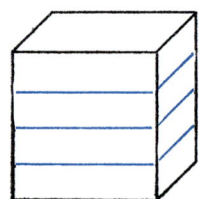

Abb. 33

86

Drei derartige Lagen und damit drei Scharen von Geodätischen sind in Abbildung 33 dargestellt; sie liegen in Ebenen, die zu den Seitenflächen des Würfels parallel sind. Um zu zeigen, daß es auch noch andere Scharen von Geodätischen gibt, schneiden wir den Würfel mit einer Ebene, die zu einer Diagonale der Grundfläche parallel ist (Abb. 34).

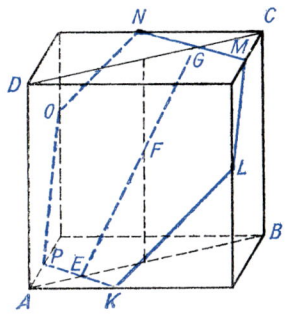 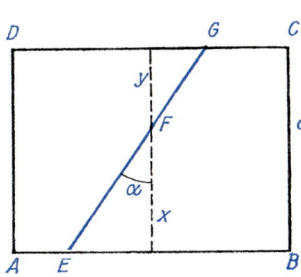

Abb. 34

Wir berechnen den Umfang p des Sechsecks $KLMNOP$. Unter Verwendung der Bezeichnungen aus Abbildung 34 beachten wir, daß

$$a = x + y,$$

$$PK = 2\,AE$$

und

$$(KL)^2 = (EF)^2 + \left(\frac{OL - PK}{2}\right)^2$$

$$= (EF)^2 + \left(\frac{AB - 2\,AE}{2}\right)^2$$

ist. Dann ergibt sich mit

$$PK = a\sqrt{2} - 2\,x\tan\alpha, \quad KL = x\,\sqrt{1 + 2\tan^2\alpha},$$

$$MN = a\sqrt{2} - 2\,y\tan\alpha, \quad LM = y\,\sqrt{1 + 2\tan^2\alpha}$$

der Umfang p des Sechsecks $KLMNOP$:

$$p = 2\,a\,\sqrt{2} - 2\,a\tan\alpha + 2\,a\,\sqrt{1 + 2\tan^2\alpha}.$$

Der Umfang p hängt also nur vom Winkel α ab und ist für parallele Ebenen der gleiche; er wird am kleinsten für

$$\tan \alpha = \frac{1}{\sqrt{2}}.$$

Die Seiten des Sechsecks *KLMNOP* sind dann den Flächen-
diagonalen parallel, und solche Seiten des ebenen Sechsecks
sind Geodätische. Es gibt vier Scharen solcher Geodäti-
scher, wie aus Abbildung 35 ersichtlich ist. Mit den drei
„trivialen" Scharen ergeben sich also sieben Scharen von
Geodätischen.

In den Abbildungen 33 und 35 sehen wir auch, daß unser
Würfel von den sieben Scharen viermal überdeckt werden
kann.

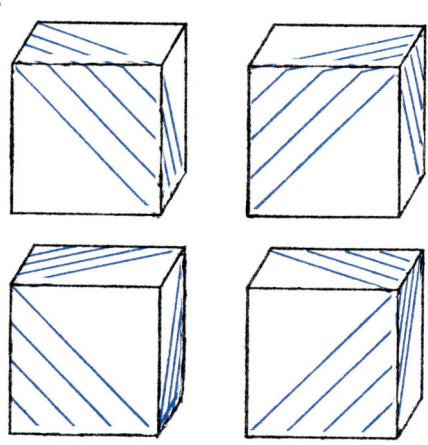

Abb. 35

29. Betrachten wir einmal das aus sechs Würfeln bestehende Gebilde in Abbildung 36. Der Würfel *B* ist das Spie-
gelbild von *A* an der gemeinsamen Seitenfläche, ebenso
entsteht *C* aus *B*, *D* aus *C*, *E* aus *D* und *F* aus *E*. Statt nun
die Bewegung des Teilchens im Würfel *A* zu verfolgen, wo
es sich nach dem Reflexionsgesetz bewegt, können wir eine
geradlinige Bewegung im System der Würfel *A* bis *F* untersuchen. Wenn die Flugbahn in *A* ein geschlossenes Sechseck
ist, so muß das Teilchen bei der entsprechenden geradlinigen
Bewegung, ausgehend von einem Punkt der Vorderseite
von *A*, an dem entsprechenden Punkt auf der Rückseite
von *F* ankommen. Wenn die Gerade so verläuft, wie es Ab-

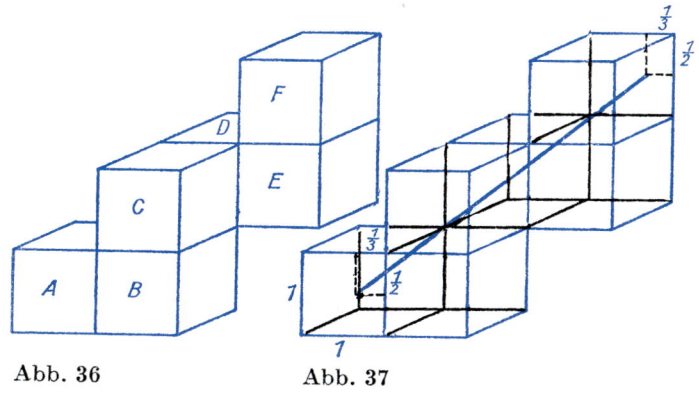

Abb. 36   Abb. 37

bildung 37 zeigt, dann durchquert sie alle Würfel von A bis
F, ohne das System irgendwann zu verlassen. Führen wir
diese sechs Würfel wieder in einen einzigen über, indem wir
F an der Seitenfläche spiegeln, die F von E trennt, E an der
Trennfläche zu D, usw., so erhalten wir als Flugbahn des
Teilchens ein Sechseck, das sich nicht überschneidet; es ist
in Abbildung 38 dargestellt.

30.   Alle möglichen Netze — es sind elf — sind in Abbildung 39 zusammengestellt. Bei den ersten sechs handelt es
sich um Netze, in denen es einen Streifen aus vier Seitenflächen gibt; andere Netze dieses Typs gibt es nicht. Die
vier folgenden Netze sind dadurch gekennzeichnet, daß in

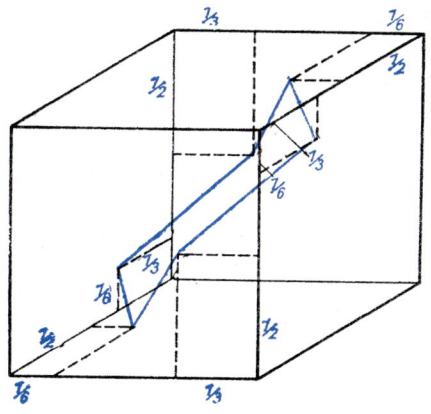

Abb. 38

einem Streifen drei Seitenflächen liegen, jedoch keine vier. Im letzten Netz schließlich gibt es keine Streifen mit mehr als zwei Seitenflächen.

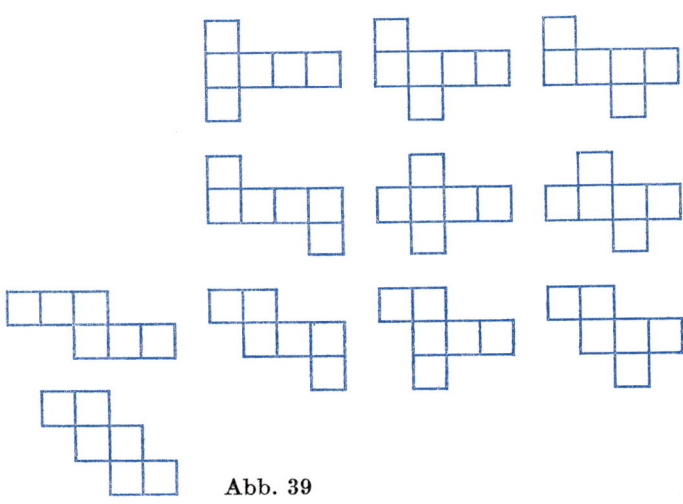

Abb. 39

31. Die beim Abschneiden der acht Ecken eines Würfels entstehenden Körper haben vierzehn Seitenflächen (die Anzahl der Seitenflächen des Würfels vermehrt um die Anzahl der Ecken). Acht dieser Seitenflächen sind Dreiecke, sechs sind Achtecke (Abb. 40).

Wenn die Oktaeder möglichst groß gemacht werden, so erhalten wir Dreiecke und Quadrate als Seitenflächen des oben beschriebenen Körpers (Abb. 41). Die maximalen Oktaeder entstehen aus den Würfeln, indem man acht Tetraeder abschneidet. Die in der Seitenfläche des Würfels liegende Grundfläche des Tetraeders ist gleich $\frac{1}{8}$ einer Seitenfläche des Würfels; die Höhe des Tetraeders ist dann gleich der halben Würfelseite. Die Oktaeder nehmen also ein Sechstel $\left(8 \cdot \frac{1}{3} \cdot \frac{1}{8} \cdot \frac{1}{2} = \frac{1}{6}\right)$ des Raumes ein. (Das Volumen eines Tetraeders ist bekanntlich $V = \frac{1}{3} F \cdot h$, wenn F eine als Grundfläche gewählte beliebige Seitenfläche des Tetra-

90

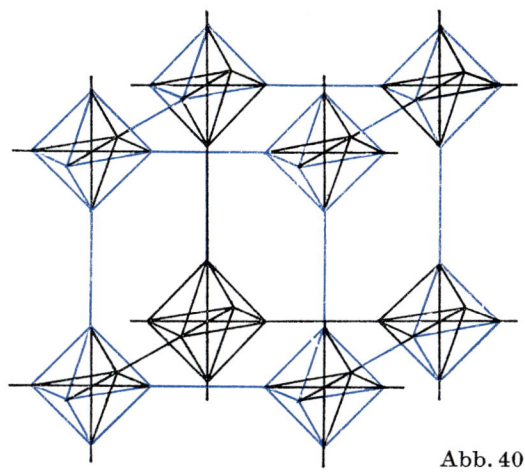

Abb. 40

eders und h seine Höhe ist.) An jeder Ecke stoßen sechs Körper aneinander; vier Vierzehnflächner und zwei Oktaeder.

32. Man stellt mühelos fest, daß die Antwort auf die in der
Aufgabe gestellte Frage bejahend ist. Das Hexaeder, das
den Bedingungen unserer Aufgabe entspricht, ist ein Paral-
lelepiped mit gleich langen Kanten, bei dem die drei ebenen
Winkel an jeder Ecke einander gleich sind.

Wir wollen annehmen, es sei ein Rhombus mit dem spitzen
Winkel α und den Diagonalen $2\,a$ und $2\,b$ gegeben. Setzen
wir drei derartige Rhomben mit den Scheiteln der spitzen

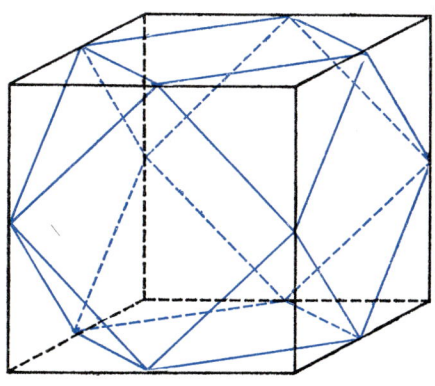

Abb. 41

91

Winkel zusammen, so daß sie paarweise eine Seite gemeinsam haben, so erhalten wir eine räumliche Ecke mit drei
Seitenflächen. In Abbildung 42 sind die Ecke und ihre senkrechte Projektion auf die Ebene (von der Ecke aus gesehen)

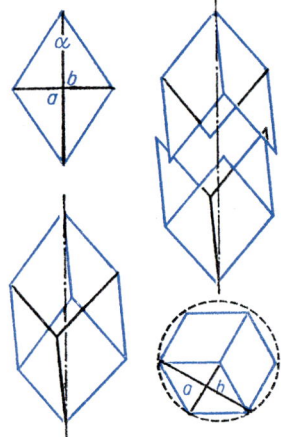

Abb. 42

dargestellt. Zwei räumliche Ecken zusammen bilden ein
Hexaeder, wie wir es suchen.
Ist $\alpha < 60°$, d. h.

$$b = a \cot \frac{\alpha}{2} > a \sqrt{3},$$

so kann das Hexaeder nur auf die eben beschriebene Art
konstruiert werden. Ist $\alpha > 60°$, also $a < b < a \sqrt{3}$ oder
$a > \dfrac{b}{\sqrt{3}}$, so kann man aus drei Rhomben eine räumliche
Ecke auf zwei Möglichkeiten bilden.
1) Man setzt sie mit den Scheiteln der spitzen Winkel zusammen.
2) Man bildet sie mit den Scheiteln der stumpfen Winkel
$180° - \alpha$.
In diesem Falle erhalten wir außer dem Hexaeder aus Abbildung 42 noch das in Abbildung 43 gezeigte Hexaeder.
Ist $\alpha = 90°$, so ist $a = b$, die beiden Hexaeder stimmen
überein und sind Würfel.

92

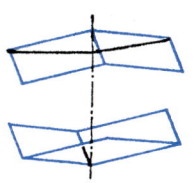 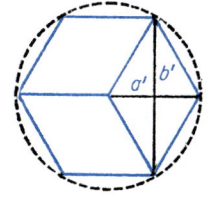 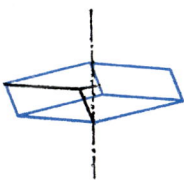

Abb. 43

Abbildung 44 zeigt die Netze der beiden in dieser Aufgabe betrachteten Hexaeder.

Es sei noch bemerkt, daß die Hexaeder aus den Abbildungen 42 und 43 ein Beispiel für zwei verschiedene konvexe Polyeder mit gleich vielen paarweise kongruenten Seitenflächen darstellen.

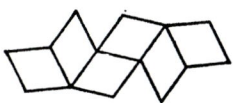 

Abb. 44

33. Wir nehmen zwei Dreiecke mit den Seiten a, b, c und legen sie so aufeinander, daß sie die Seite c gemeinsam haben (Abb. 45), sich aber nicht überdecken. Nun klappen wir die Ebenen dieser beiden Dreiecke auseinander (Abb. 46) und vergrößern den Abstand zwischen den Ecken C_1 und C_2, bis der maximale Abstand erreicht ist, d. h., bis die Ebenen zusammenfallen, C_1 und C_2 nun aber auf verschiedenen Seiten der Strecke AB liegen (Abb. 47).

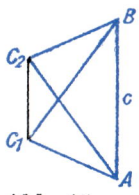 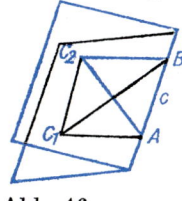 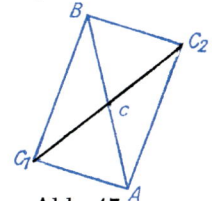

Abb. 45   Abb. 46   Abb. 47

Den Abstand C_1C_2 in Abbildung 45 bezeichnen wir mit d_1, den in Abbildung 47 mit d_2. Die Bedingung für die Existenz eines Tetraeders, wie es in der Aufgabe verlangt wird, ist demnach die Ungleichung

$$d_1 < c < d_2.$$

Die notwendige und hinreichende Bedingung für die Existenz der Ungleichung $d_1 < c$ ist, daß jeder der Winkel bei A und B spitz ist. Für das Bestehen der Ungleichung $c < d_2$ ist hinreichend und notwendig, daß der Winkel bei C spitz ist. Somit ergibt sich als Bedingung für die Existenz des unregelmäßigen Tetraeders: Das Dreieck ABC muß spitzwinklig sein.

Wir wollen annehmen, dies sei der Fall. In Abbildung 48

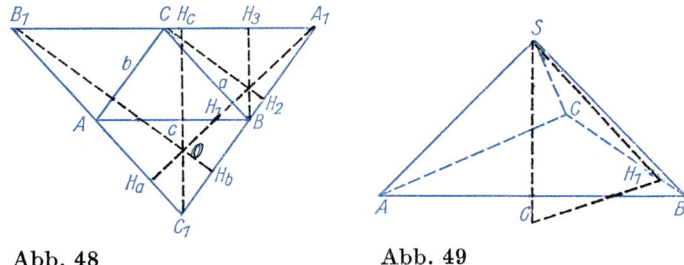

Abb. 48   Abb. 49

haben wir das Netz eines Tetraeders vor uns, das der Aufgabenstellung entspricht, wobei

$$A_1B_1 \parallel AB, \quad B_1C_1 \parallel BC, \quad C_1A_1 \parallel CA.$$

Wir setzen

$$BC = a, CA = b, AB = c, a \leqq b \leqq c;$$
$$2s = a + b + c.$$

Das Volumen des Tetraeders ist gleich $\dfrac{1}{3} F \cdot h$, wenn F der Flächeninhalt eines der Dreiecke und h die Höhe des Tetraeders ist. Für die Fläche des Dreiecks gilt $F = \dfrac{1}{2} g \cdot h_D$, wenn g eine Seite des Dreiecks und h_D die Höhe auf dieser Seite ist. Ferner gilt die Formel von Heron

$$F = \sqrt{s(s - a)(s - b)(s - c)}.$$

94

Mit den Bezeichnungen aus den Abbildungen 48 und 49 stellen wir fest, daß die Höhe

$$h = SO$$

im Tetraeder an dem rechtwinkligen Dreieck SH_1O berechnet werden kann, wenn wir zuvor $SH_1 = A_1H_1$ und OH_1 bestimmen.

Es ist

$$A_1H_1 = \frac{2}{a} \sqrt{s(s-a)(s-b)(s-c)},$$

$$OH_1 = H_1H_a - OH_a;\ H_1H_a = A_1H_1;$$

OH_a können wir aus der Beziehung

$$OH_a : C_1H_a = B_1H_c : C_1H_c$$

berechnen, die sich aus der Ähnlichkeit der Dreiecke C_1OH_a und $C_1B_1H_c$ ableitet. Eine elementare Rechnung ergibt

$$OH_a = \frac{(a^2 + b^2 - c^2)(a^2 + c^2 - b^2)}{4\,a\sqrt{s(s-a)(s-b)(s-c)}}.$$

Wir haben also

$$h^2 = (A_1H_1)^2 - (H_1H_a - OH_a)^2 = OH_a(A_1H_a - OH_a)$$

$$= \frac{(a^2 + b^2 - c^2)(a^2 + c^2 - b^2)(b^2 + c^2 - a^2)}{8\,s\,(s-a)(s-b)(s-c)}.$$

Wenn wir schließlich das Volumen des Tetraeders mit V bezeichnen, erhalten wir

$$V = \frac{h}{3} \sqrt{s(s-a)(s-b)(s-c)}$$

$$= \frac{1}{6\sqrt{2}} \sqrt{(a^2 + b^2 - c^2)(a^2 + c^2 - b^2)(b^2 + c^2 - a^2)}.$$

34.   Die Antwort hängt davon ab, ob man spiegelbildlich symmetrische Tetraeder als verschieden ansieht oder nicht. Wir wollen zeigen, daß es im ersten Falle sechzig verschiedene Tetraeder gibt; im zweiten Falle sind es dann offenbar dreißig.

In Abbildung 50 ist ein Tetraeder wiedergegeben, dessen Kanten mit a, b, c, d, e, f bezeichnet wurden. Die Stäbe, aus denen wir die Tetraeder herstellen sollen, seien mit 1 bis 6 numeriert. Der Stab mit der Nummer k kann an die Stelle jeder der Kanten a, b, c, d, e, f gesetzt werden, Es gibt also 6! = 720 Möglichkeiten, d. h. ebensoviel wie Permutationen von sechs Gegenständen.

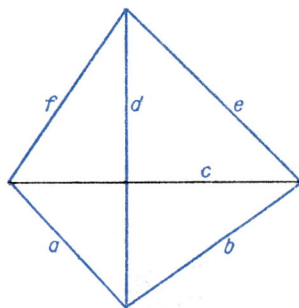

Abb. 50

Nun liefern diese Permutationen aber nicht lauter verschiedene Tetraeder. Gewisse Tetraeder sind gleich und unterscheiden sich nur durch ihre Lage im Raum.

Wir wollen für den Augenblick annehmen, alle Kanten des Tetraeders aus Abbildung 50 seien gleich lang, und untersuchen, auf wieviel verschiedene Arten dieses Tetraeder im Raum gelagert werden kann, so daß seine Kanten mit denen des Tetraeders in der Ausgangslage zusammenfallen.

1) Wir können jede Seitenfläche des Tetraeders als Grundfläche nehmen.

2) Die Grundfläche ist ein Dreieck, das naturgemäß auf drei verschiedene Arten angeordnet werden kann.

Es ergeben sich also insgesamt 3·4 = 12 verschiedene Lagen für dasselbe Tetraeder, und das sind auch alle möglichen Lagen, bei denen die Kanten mit den Kanten des Tetraeders in der Ausgangslage zusammenfallen. Die 720 Permutationen der Stäbe 1 bis 6 ergeben somit, wenn man für sie die Kanten a bis f nimmt, zwölfmal dasselbe Tetraeder in verschiedenen Stellungen. Daher gibt es 720 : 12 = 60 verschiedene Tetraeder, die man aus sechs Stäben bilden kann.

Falls wir zwei bezüglich einer Ebene symmetrische Tetraeder als gleich ansehen, gibt es also nur dreißig verschiedene Tetraeder.

35. Es gibt ein Polyeder mit $2\,n$ Seitenflächen, das die in der Aufgabe geforderten Eigenschaften besitzt, und es bereitet keine Schwierigkeiten, ein Verfahren zu seiner Konstruktion anzugeben. Dazu stellen wir uns zwei parallele und gleich große Kreisscheiben T_1 und T_2 vor, deren Mittelpunkte O_1 und O_2 auf einer Geraden liegen, die auf den Ebenen der beiden Kreise T_1 und T_2 senkrecht steht (Abb. 51). Jede Kreislinie teilen wir in n gleich große Kreisbögen ($n \geqq 3$); es seien $P_1, P_2, \ldots, P_n$ bzw. $Q_1, Q_2, \ldots, Q_n$ die Teilpunkte von T_1 bzw. T_2. Nun drehen wir T_1 in seiner Ebene so, daß die senkrechte Projektion von P_k auf die Ebene von T_2 mit dem Mittelpunkt des Bogens $Q_k\,Q_{k+1}$ zusammenfällt. Die Projektion des Punktes P_n ist dabei der Mittelpunkt des Bogens Q_nQ_1.

Wir verlängern die Strecke O_1O_2 und tragen oberhalb von O_1 und unterhalb von O_2 die Strecken O_1S_1 und O_1S_2 der

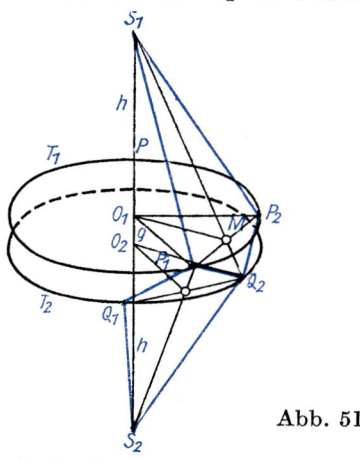

Abb. 51

Länge h ab (Abb. 51). Danach verbinden wir S_1 mit allen Punkten P_k und S_2 mit allen Punkten Q_k; desgleichen verbinden wir jeden Punkt P_k mit Q_k und Q_{k+1} (P_n mit Q_n und Q_1). Wir erhalten so das Gerüst eines Polyeders mit $4\,n$ Seitenflächen.

Wir zeigen, daß die Abmessungen dieses Polyeders so gewählt werden können, daß es ein Polyeder mit $2n$ kongruenten Seitenflächen darstellt.

In der Tat, sei g der Abstand O_1O_2. Wir betrachten das räumliche Viereck $S_1P_1Q_2P_2$. Es bezeichne M den Mittelpunkt der Strecke P_1P_2. Dafür, daß das Polyeder mit $4n$ Seitenflächen ein Polyeder mit $2n$ kongruenten Seitenflächen ist, ist notwendig und hinreichend, daß die Strecke S_1Q_2 die Strecke P_1P_2 im Punkte M schneidet. Diese Bedingung ist erfüllt für

$$\frac{h}{O_1M} = \frac{h+g}{O_2Q_2}.$$

Daraus folgt

$$g = O_1O_2 = h\,\frac{O_2Q_2 - O_1M}{O_1M}.$$

Für $n = 4$ erhalten wir das gesuchte Oktaeder.

36. Wir betrachten eine Pyramide mit einem gleichseitigen Dreieck ABC als Grundfläche, deren Seitenflächen gleichschenklige Dreiecke mit einem Winkel von 30° an der Pyramidenspitze sind. Abbildung 52 zeigt das Netz dieser Pyramide, das man erhält, wenn man sie längs der Kanten CT, CA und CB aufschneidet und in die Ebene aufklappt. Der

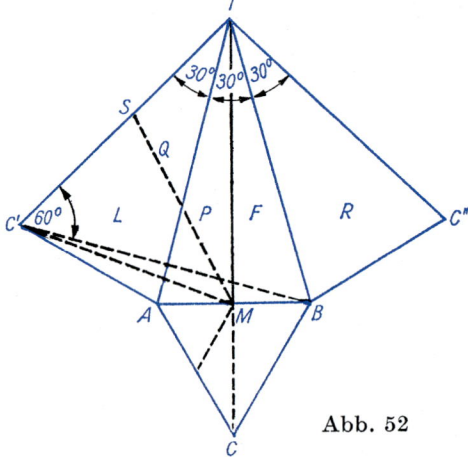

Abb. 52

Abstand des Mittelpunktes M von AB zur Pyramiden-spitze T ist durch die Länge der Strecke MT im Netz gegeben. Das folgt unmittelbar daraus, daß MT nicht nur im Netz eine gerade Linie ist, sondern auch im Raum, während alle anderen Wege von M nach T auf der Pyramidenober-fläche nicht geradlinig sind. Wir wissen nämlich: Jeder Weg, der zwei Punkte verbindet und nicht die Verbin-dungsstrecke dieser beiden Punkte darstellt, ist länger als diese geradlinige Verbindungsstrecke. Wir müssen aber noch zeigen, daß T der vom Punkte M am weitesten ent-fernt liegende Punkt ist. Das Dreieck $TC'B$ ist gleichseitig, der Winkel $TC'B$ beträgt somit 60°. Der Winkel $TC'M$ ist dagegen größer als 60°. Nun ist der Winkel $C'TM$ gleich 45°, also kleiner als der Winkel $TC'M$. Daraus folgt, daß die Seite TM länger als die Seite $C'M$ ist. Wenn S die Seite $C'T$ durchläuft, wächst die Länge von MS von $C'M$ aus bis zu der Länge MT. Hieraus ergibt sich, daß jeder Punkt der Kante $C'T$ mit M durch einen Weg verbunden werden kann, der kürzer als MT ist. Wie aus Abbildung 52 zu ersehen ist, kann der in der Fläche L liegende Punkt Q auf der Strecke $MPQS$ vor S erreicht werden. Demzufolge kann jeder Punkt Q dieser Fläche mit M durch einen Weg verbunden werden, der kürzer als die Strecke MT ist, die ihrerseits der kürzeste Weg von M nach T ist. Also liegt jeder Punkt von L näher an M als der Punkt T. Dasselbe läßt sich für die Punkte der Fläche R aussagen.

Man stellt unmittelbar fest, daß der von M am weitesten entfernt liegende Punkt der Fläche F der Punkt T ist: In der Grundfläche ABC liegt der Punkt C, der von M am weitesten entfernt ist, offensichtlich näher bei M als der Punkt T. Damit ist gezeigt, daß der Punkt T von allen Punkten der Pyramide am weitesten von M entfernt liegt. Wir empfehlen dem Leser, der an einem tieferen Verständ-nis dieser Fragestellung interessiert ist, sich zu überlegen, warum wir als Beispiel nicht ein regelmäßiges Tetraeder genommen haben.

37.   Ein Polyeder kann als räumliches Netz aufgefaßt werden, dessen Seiten die Kanten sind; die Knoten sind die

Ecken, und die Seitenflächen des Polyeders die Maschen. Der Weg der Fliege muß ein geschlossenes doppelpunktfreies Polygon (Vieleck) bilden, das in dem oben beschriebenen Netz liegt. Die Möglichkeit, einen solchen Weg zu finden, wird nicht dadurch beeinträchtigt, daß wir das Netz auf einer Ebene ausbreiten.

In Abbildung 53 ist das in einer Ebene ausgebreitete Netz eines regelmäßigen Dodekaeders dargestellt. Die farbigen Linien bezeichnen den Weg der Fliege, der in der Aufgabenstellung geschildert ist.

Jetzt breiten wir in der gleichen Weise das Netz eines Rhombendodekaeders in der Ebene aus (Abb. 54). Die Knoten des Netzes kann man in zwei Klassen einteilen: solche, die zu drei Kanten gehören, und solche, die zu vier Kanten gehören (letztere sind in der Abbildung durch Vollkreise angedeutet).

Jeder Knoten der ersten Klasse ist nur mit Knoten der

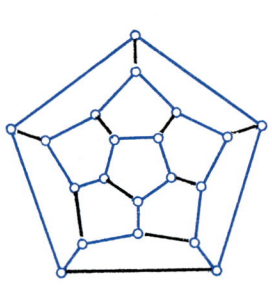

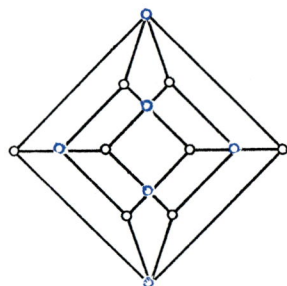

Abb. 53   Abb. 54

zweiten Klasse verbunden, und umgekehrt führen alle Strecken von Knoten aus der zweiten Klasse zu solchen der ersten. Die Fliege wäre somit gezwungen, während ihrer Wanderung abwechselnd Knoten aus der ersten und aus der zweiten Klasse zu passieren. Da es acht Knoten der ersten Klasse und sechs Knoten der zweiten Klasse gibt, kann die Fliege nicht alle Ecken des Rhombendodekaeders besuchen und an ihren Ausgangspunkt zurückgelangen, ohne eine Stelle zweimal zu passieren.

100

38. Wir stellen ein regelmäßiges Dodekaeder so hin, daß wir eine seiner Seitenflächen P vor uns haben. Diese Seitenfläche nennen wir die Vorderfläche. Die (für uns nicht sichtbare) parallele Seitenfläche wird Rückfläche genannt. Die Gesamtheit der fünf sichtbaren Seitenflächen, die unsere Vorderfläche umgeben, bezeichnen wir als Ring I, und die fünf unsichtbaren Seitenflächen, die dann die Rückfläche umgeben, als Ring II.

Da das Problem im wesentlichen darin besteht, festzustellen, auf wieviel Arten die Seitenflächen eines Dodekaeders gefärbt werden können, kann das Dodekaeder durch die ebene Darstellung in Abbildung 55 ersetzt werden (der Rückfläche T entspricht das Gebiet der Ebene außerhalb des großen Fünfecks) oder durch die noch einfachere ebene Darstellung aus Abbildung 56.

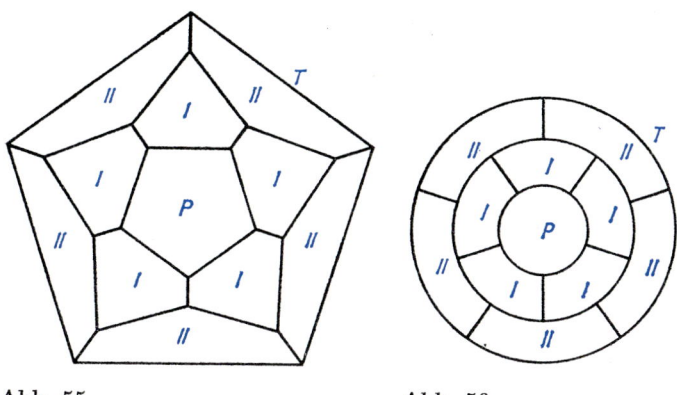

Abb. 55   Abb. 56

Man kann das regelmäßige Dodekaeder nicht mit drei Farben färben, ohne daß zwei benachbarte Seitenflächen gleichgefärbt sind. Denn wenn die Vorderfläche die Farbe A hätte, müßten die fünf Flächen des Ringes I zwei Farben tragen, B und C, womit sich aber nicht alle voneinander abgrenzen lassen.

Wir wollen annehmen, das Dodekaeder ließe sich in der angegebenen Weise mit vier Farben färben: A, B, C und D. Wie man leicht sieht, muß dabei jede Farbe dreimal auftreten. Würde nämlich eine Farbe — etwa A — weniger als dreimal vorkommen, so müßte eine andere Farbe — etwa B — öfter als dreimal vorkommen. Wir wollen annehmen, die Vorderfläche trage die Farbe B; dann kann B nicht im Ring I auftreten. Also fänden sich unter den sechs unsichtbaren Flächen wenigstens drei mit der Farbe B. Das ist aber ein Widerspruch zu der vorhergehenden Betrachtung. Aus dieser Überlegung folgt, daß die Rückfläche und die Vorderfläche verschiedenfarbig sind, daß die Farbe der Rückfläche also zweimal im Ring I auftritt.

Nun ergibt sich folgendes: Wenn wir die Farben des Ringes I und ihre Reihenfolge festlegen, sowie die Farben der Rückfläche, legen wir damit zugleich in eindeutiger Weise die Farbe aller Seitenflächen fest. So möge im Falle der Abbildung 57 die Vorderfläche beispielsweise die Farbe A

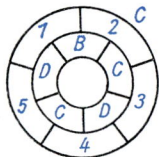

Abb. 57

haben. Was nun die Flächen im Ring II betrifft, so kann die Fläche 1 nur die Farbe A tragen. In diesem Falle ist D die Farbe der Fläche 2, B die Farbe von 5, während B und A die Farben der Flächen 3 bzw. 4 sind. Dieses Beispiel zeigt, daß die Färbung des Dodekaeders mit vier Farben möglich ist.

Nehmen wir an, die Vorderfläche des mit vier Farben gefärbten Dodekaeders trage die Farbe A. Dann können im Ring I sechs verschiedene Farbkombinationen auftreten. Da es bei jeder dieser Kombinationen für die Färbung der Rückfläche zwei Möglichkeiten gibt, haben wir es insgesamt mit 12 möglichen Farbkombinationen zu tun, wie Abbildung 58 zeigt. Weil aber bei einem mit vier Farben gefärbten Dodekaeder die Farbe A nur dreimal auftritt, können wir durch Drehung des Dodekaeders nach Wahl einer Färbungsmethode aus der Anzahl der in Abbildung 58 gezeigten Färbungen höchstens noch zwei weitere bekom-

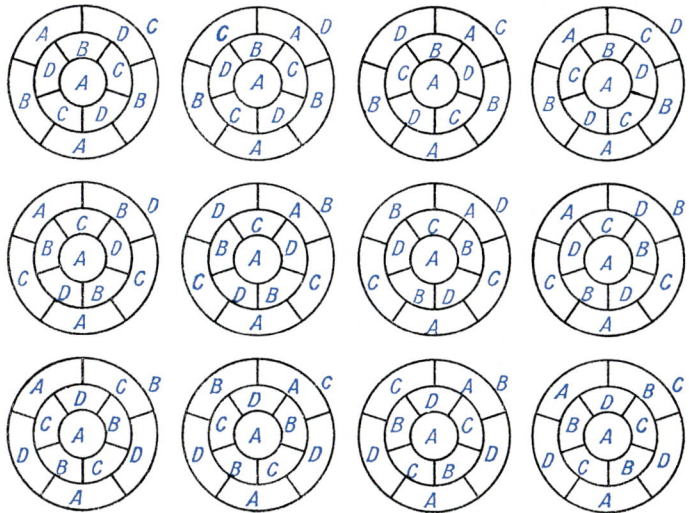

Abb. 58

men, d. h. insgesamt drei Färbungsmöglichkeiten. Eine
vierte Färbungsmöglichkeit für das Dodekaeder erhalten
wir durch eine Spiegelung.

Man überzeugt sich mühelos, daß es genau vier Möglichkeiten gibt. In der Tat, mit jeder der in der ersten Reihe von
Abbildung 58 gezeigten Färbungsmethoden werden auch
alle die Möglichkeiten erfaßt, die in der Spalte darunter
stehen.

39.   Abbildung 59 zeigt die Lage eines einbeschriebenen
Würfels in einem regelmäßigen Dodekaeder.

Nach der Aufgabenstellung kann man den Würfel auf fünf
verschiedene Arten dem Dodekaeder einbeschreiben. In
Abbildung 60 ist ein Würfel dargestellt (der Würfel aus Abbildung 59), zusammen mit den vier anderen, dem Dodekaeder einbeschriebenen Würfeln, die ersteren durchdrin-
gen.

Abbildung 61 stellt einen Axialschnitt des Dodekaeders mit
den ihm einbeschriebenen Würfeln dar. Dabei wurde der
Schnitt des von allen Würfeln gebildeten Körpers durch die
farbige Linie kenntlich gemacht. Ausgehend von dieser Ab-

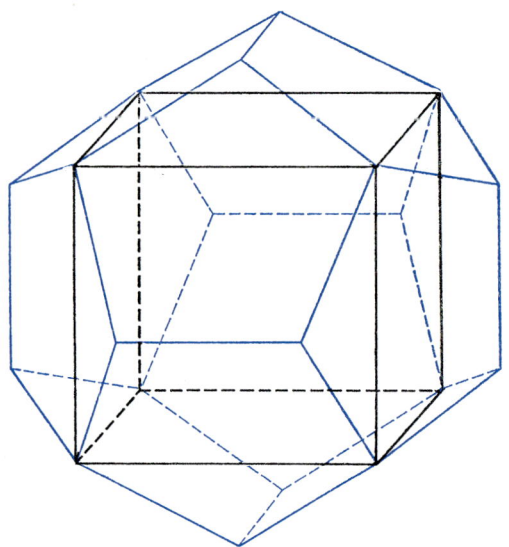

Abb. 59

bildung läßt sich nun leicht das Netz oder eine Zeichnung des besagten Körpers anfertigen. Es ist ein Sternpolyeder mit 360 Flächen. Die Grundfigur in diesem Körper ist ein fünfzackiger Stern, der von den Kanten der Würfel gebildet wird (Abb. 62). Da jeder Seitenfläche des Dodekaeders ein derartiger Stern entspricht, haben wir insgesamt 12 solche Sterne. In der Mitte eines jeden Sternes befindet sich eine von fünf Flächen gebildete Vertiefung, die ihrerseits von fünf, durch drei Flächen begrenzte Vertiefungen umgeben wird. Jeder Stern ist von fünf vierflächigen Vertiefungen umgeben, über die er mit den fünf benachbarten Sternen verbunden ist. In Abbildung 62 sind immer nur zwei Flächen dieser vierflächigen Vertiefungen zu sehen.

Abbildung 63 gibt die senkrechte Projektion des von allen Würfeln gebildeten Körpers von den Flächen des umbeschriebenen Dodekaeders aus wieder. In dieser Abbildung erkennt man einen zentralen Stern, der von fünf, in der Zeichnung verzerrt dargestellten Sternen umgeben wird. Jeweils drei Zacken der Sterne laufen in den Ecken des umbeschriebenen Dodekaeders zusammen und bilden 30 kör-

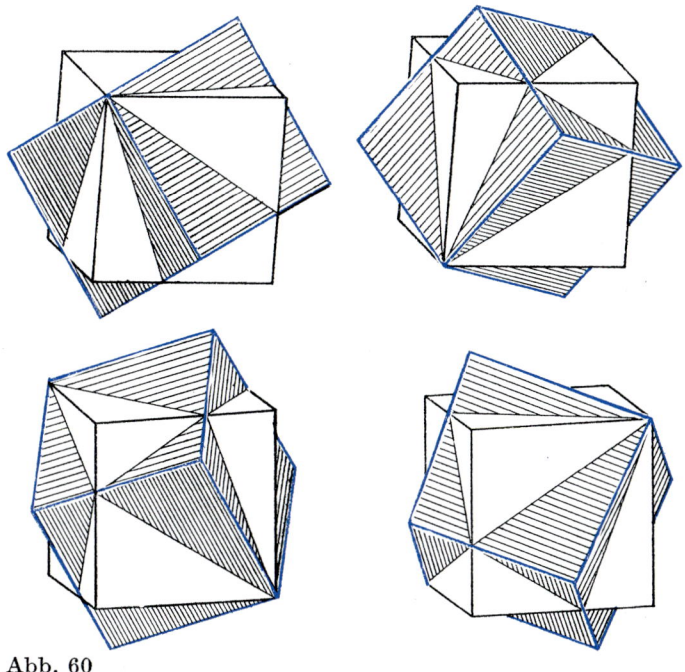

Abb. 60

perliche Ecken mit zwölf Seitenflächen. Diese körperlichen Ecken sind von gleichseitigen Dreiecken umgeben, die von den Kanten der Würfel gebildet werden.

In Abbildung **64** ist dasselbe Polyeder in senkrechter Projektion von den körperlichen Ecken aus zu sehen, d. h. von

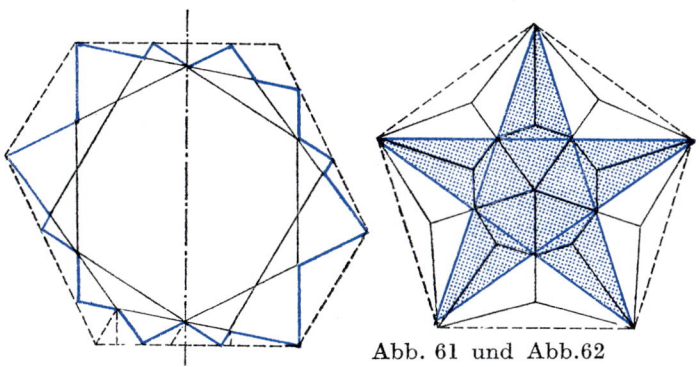

Abb. 61 und Abb. 62

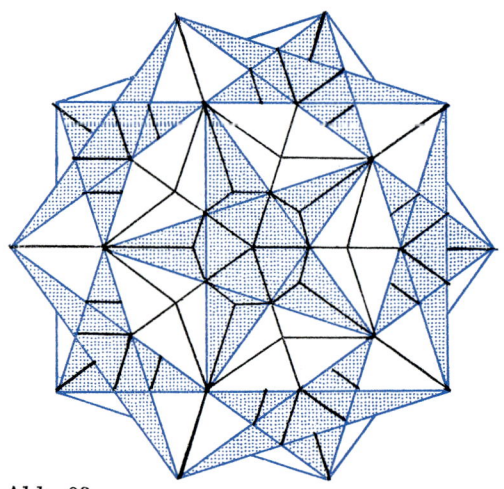

Abb. 63

den Ecken des umbeschriebenen Dodekaeders aus. Man erkennt in der Abbildung drei Sterne, die in der gegebenen körperlichen Ecke zusammenlaufen. Außerdem sieht man drei weitere Sterne, die den vorhergehenden anliegen. Abbildung 65 stellt schließlich die senkrechte Projektion des Polyeders von der Seitenfläche eines Würfels aus dar, d. h. von einer der vierflächigen Vertiefungen aus, die be-

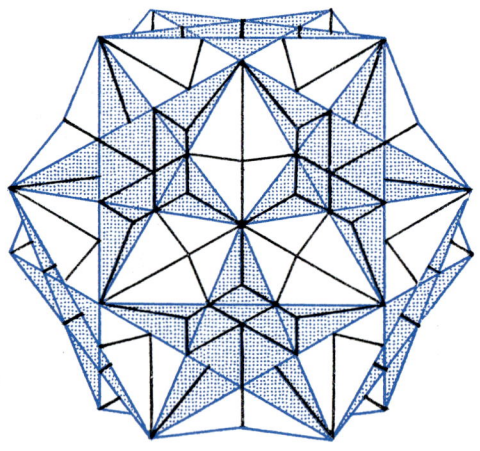

Abb. 64

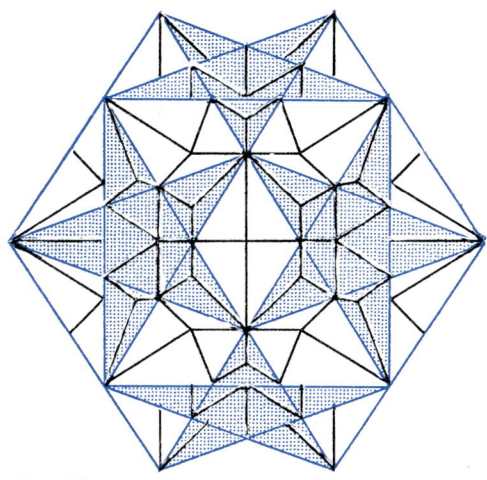

Abb. 65

nachbarte Sterne verbinden, oder von einer Kante des Dodekaeders aus.

Es bleibt noch festzustellen, was für einen Körper der allen
Würfeln gemeinsame Teil bildet. Wenn wir uns wieder eines
Axialschnittes des Dodekaeders mit den einbeschriebenen
Würfeln bedienen (Abb. 66, in der die Schnittlinie des von
uns jetzt betrachteten Körpers farbig gezeichnet ist), so

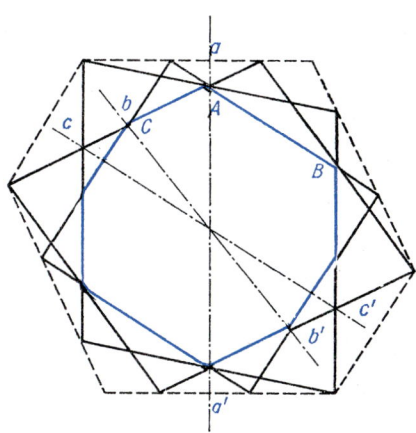

Abb. 66

sehen wir: Der allen Würfeln gemeinsame Teil ist ein Polyeder mit 30 rhombischen Seitenflächen, wie es Abbildung 67 in Parallelprojektion zeigt. Dabei ist AB die Länge der großen Diagonale und AC die der kleinen Diagonale des Rhombus (Abb. 66). In der Abbildung 68 ist dasselbe Polyeder in senkrechter Projektion dargestellt, und zwar von einer fünfflächigen Ecke (Achse aa' in Abb. 66), von einer dreiflächigen Ecke aus (Achse bb' in Abb. 66), und von einer Fläche aus (Achse cc' in Abb. 66).

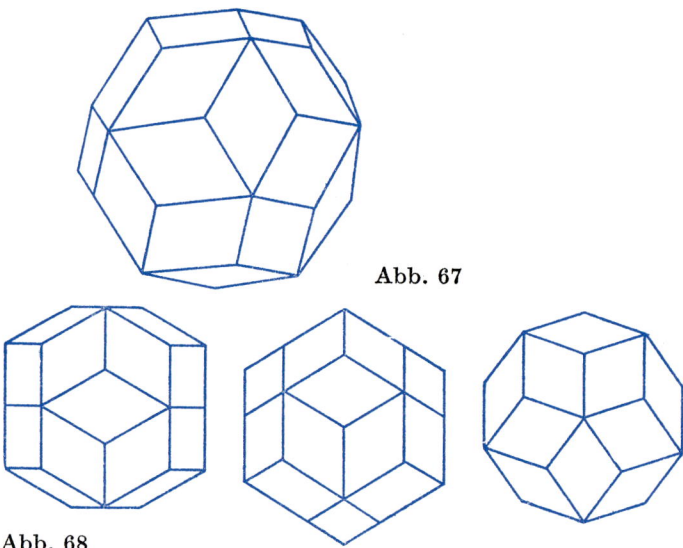

Abb. 67

Abb. 68

40. Wir betrachten irgendein konvexes Polyeder. Eine seiner Seitenflächen wählen wir als Grundfläche einer Pyramide. Ihre Flächenwinkel an der Grundfläche sollen so klein sein, daß einerseits das Polyeder, das man beim Zusammenfügen des ursprünglichen Polyeders und der Pyramide erhält, konvex ist und daß andererseits in dem Ausgangspolyeder eine Pyramide ausgespart werden kann, die zur vorhergehenden bezüglich der als Grundfläche gewählten Fläche spiegelbildlich symmetrisch ist. Wir erhalten somit zwei Polyeder, von denen das eine konvex, das andere nichtkonvex ist, die jedoch konvexe und paarweise kon-

gruente Seitenflächen haben. Abbildung 69 zeigt zwei Polyeder *ABCDE* und *ABCDE'*, die auf die beschriebene Weise
aus dem Tetraeder *ABCD* hervorgehen.

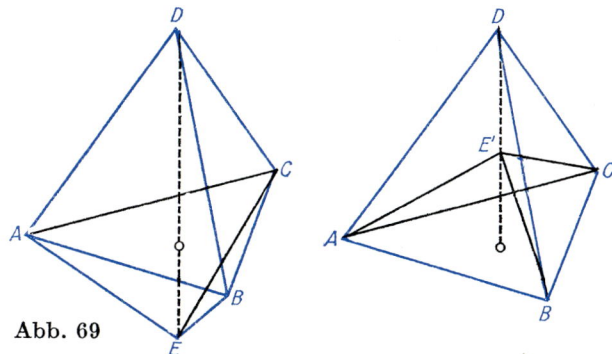

Abb. 69

Zwei Polyeder mit dreißig Seitenflächen, von denen das
eine konvex ist und das andere nicht, die konvexe und
paarweise kongruente Seitenflächen besitzen, sind in der
Abbildung 70 dargestellt.

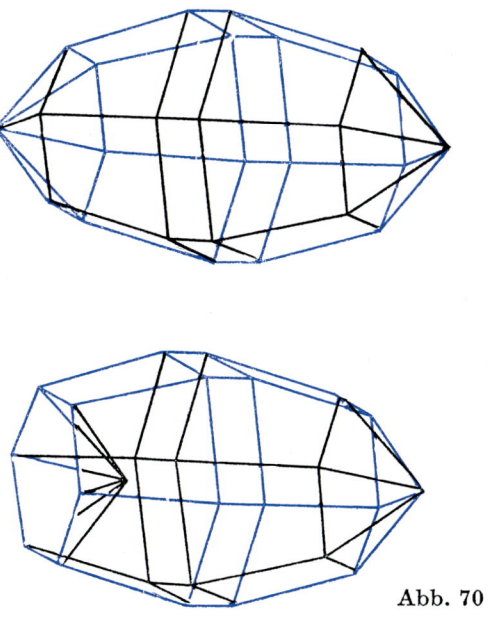

Abb. 70

41. Beispiele für Körper, die die Bedingungen der Aufgabe erfüllen, werden durch die Abbildungen 71 und 72 geliefert. Der Körper aus Abbildung 72 besteht aus zwei Parallelepipeden mit rhombischen Seitenflächen, die über eine gemeinsame Seitenfläche zusammenhängen.

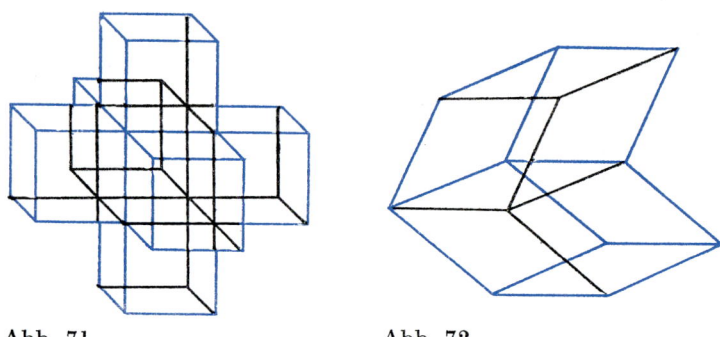

Abb. 71   Abb. 72

Es gibt auch ein nichtkonvexes Rhombendodekaeder. Man kann es aus einem konvexen Rhombendodekaeder erhalten, indem man die vordere, von drei Seitenflächen begrenzte körperliche Ecke (Abb. 73, links) entfernt und sie durch die hintere körperliche Ecke mit drei Seitenflächen ersetzt: Dazu verschiebt man letztere parallel längs der Kanten, die von den sechs übrigen Seitenflächen gebildet werden (Abb. 73, rechts). Wie man sieht, besteht der neue Körper aus drei Parallelepipeden. Wenn wir eins davon weglassen, gelangen wir zu dem in Abbildung 72 dargestellten Körper.

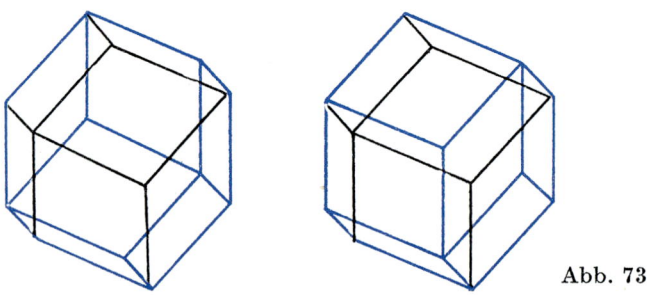

Abb. 73

42. Die drei Modelle der besprochenen Kegelplaneten erhalten wir aus einem rechtwinkligen Netz von „Breitenkreisen" und „Längenkreisen" (Abb. 74), wenn wir es auf eine der drei in Abbildung 75 angegebenen Arten zuschneiden und dann zu einem Kegel mit der Spitze N zusammenrollen.

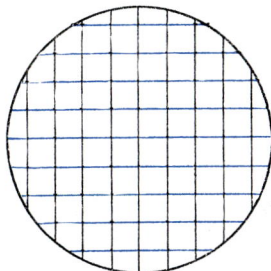

Abb. 74

Abbildung 76 zeigt uns das Bild des ersten Kegels von oben, d. h. von der Spitze aus gesehen. Wir unterscheiden deutlich zwei Scharen von Kurven: „Längenkreise" und „Breitenkreise". Weder die „Längenkreise" noch die „Breitenkreise" schneiden sich untereinander, aber jeder Längenkreis schneidet jeden Breitenkreis in zwei Punkten, wie auf der Erdkugel. Die kürzesten Wege haben eine konstante Richtung, d. h., sie schneiden die Längen- und Breitenkreise unter einem festen Winkel.

Die Abbildungen 77 und 78 zeigen den zweiten und den

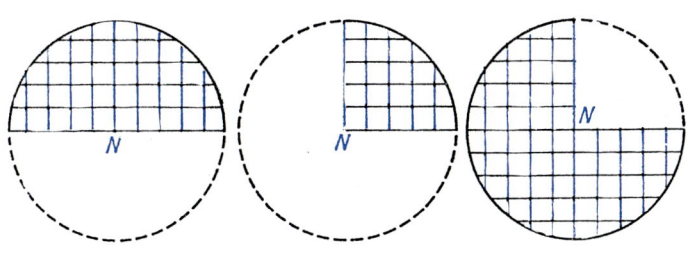

Abb. 75

111

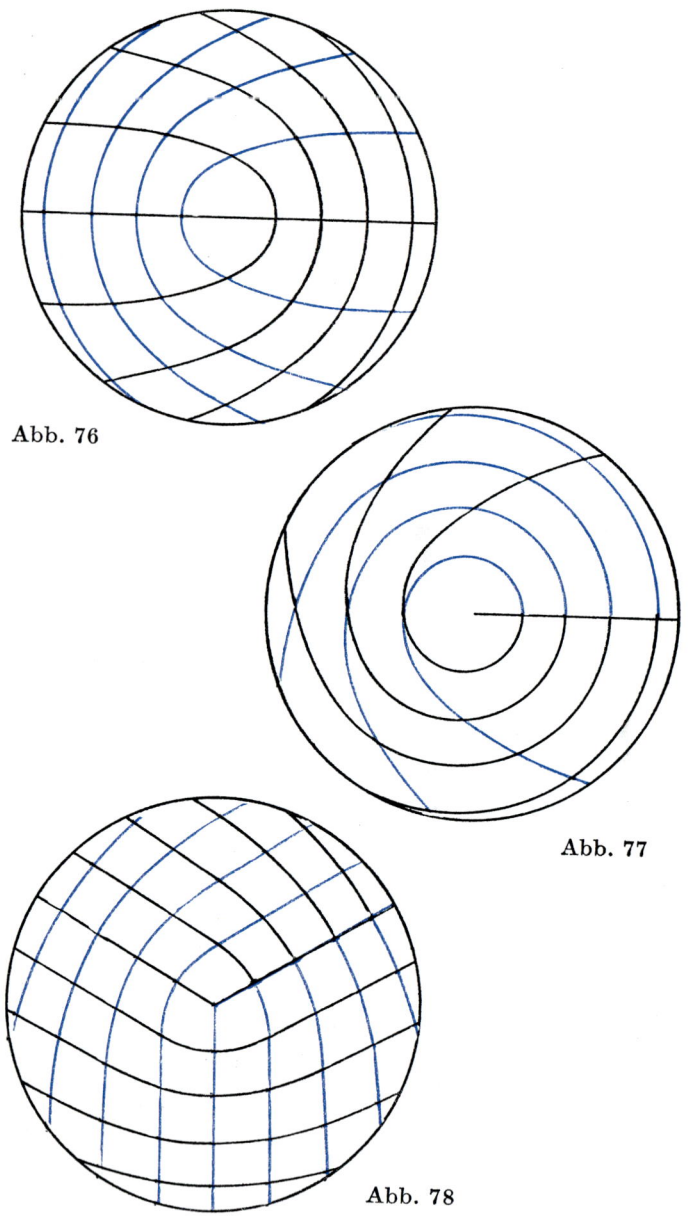

Abb. 76

Abb. 77

Abb. 78

dritten Kegel von oben gesehen, d. h. die Projektionen der Kurvenscharen auf eine zur Kegelachse senkrechte Ebene. Auf dem zweiten Kegel finden wir eine Kurvenschar, auf dem dritten deren drei.

Es sei noch bemerkt, daß die hier angegebenen Lösungen nicht die einzigen sind.

43. Würden sich von den drei gegebenen Kugeloberflächen irgend zwei in P nur berühren, so würde die gemeinsame Tangentialebene an diese beiden Flächen im Punkte P die dritte Kugeloberfläche in einem Kreis schneiden. Die Tangente an diesen Kreis im Punkte P wäre dann Tangente für alle drei Kugeloberflächen, was unserer Voraussetzung widerspricht.

Also müssen je zwei der drei Kugeloberflächen einen Kreis gemeinsam haben, auf dem natürlich der Punkt P liegt. Dieser Kreis schneidet die dritte Kugeloberfläche in einem anderen Punkt als P. Andernfalls wäre die Tangente an diesen Kreis in P Tangente für alle drei Kugeloberflächen, und das ist ja ausgeschlossen. Da dieser Kreis die dritte Kugeloberfläche im Punkte P durchquert, muß er sie an einem anderen Punkt verlassen. Dieser Punkt ist ebenfalls allen drei Kugeloberflächen gemeinsam.

44. An Stelle des gesamten Raumes zerlegen wir eine Kugel, durch deren Mittelpunkt wir Ebenen legen. Auf der Kugeloberfläche entstehen dadurch sich schneidende Großkreise, Kreise, deren Radius gleich dem der Kugel ist. Wir betrachten einen von ihnen als Äquator und projizieren alle Großkreise vom Kugelmittelpunkt aus auf eine Ebene, die unsere Kugel in einem ihrer Pole berührt. Die Projektionen der Großkreise (mit Ausnahme des Äquators) sind Geraden. Wir müssen also die maximale Anzahl der Gebiete ermitteln, in die eine Ebene durch $n - 1$ Geraden zerlegt wird. Wie wir durch vollständige Induktion zeigen werden, ist diese Zahl gleich

$$1 + 1 + 2 + 3 + \cdots + (n - 1) = 1 + \frac{1}{2} n (n - 1).$$

Sind nämlich $k - 1$ Geraden gegeben, so kann die k-te Gerade die Anzahl der Gebiete höchstens um k vergrößern. Da es auf der Kugel doppelt soviel Gebiete wie in der Projektionsebene gibt, ist die gesuchte Zahl doppelt so groß wie die eben berechnete, d. h. gleich $n(n-1)+2$. Für $n=4$ insbesondere ergeben sich höchstens 14 Teilgebiete.

45. Es seien E_1 und E_2 die Tangentialebenen an die Erdkugel in den Punkten N und S (Abb. 79). Der Punkt P_1 in der Ebene E_1 und der Punkt P_2 in der Ebene E_2 mögen sich bei der in der Aufgabe definierten Abbildung entsprechen.

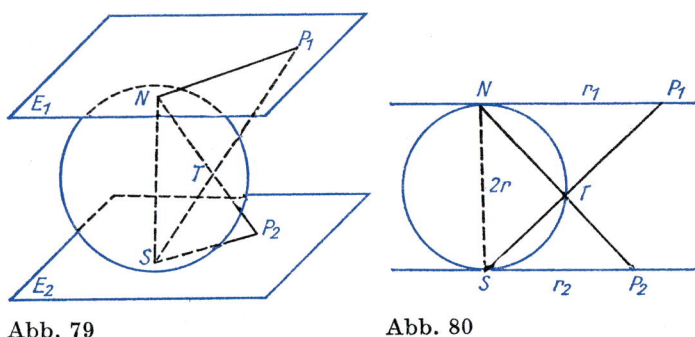

Abb. 79   Abb. 80

Wir betrachten nun den Schnitt der Erdkugel sowie der Ebenen E_1 und E_2 mit einer Ebene, die durch die Achse NS geht (Abb. 80). Es sei $NP_1=r_1$, $SP_2=r_2$, $NS=2\,r$. Da die Dreiecke NTP_1, STN, P_2TS einander ähnlich sind, ergibt sich die Gleichung

$$r_1 r_2 = 4\,r^2.$$

Diese Gleichung definiert eine *Inversion*, eine Abbildung der Ebene auf sich selbst durch Spiegelung an einem Kreis.

46. Es sei K ein Schnittkreis der in der Aufgabe betrachteten Fläche S. Ferner sei L die Achse dieses Kreises, d. h. die Gerade, die durch den Mittelpunkt von K geht und auf der Ebene von K senkrecht steht. Es sei P eine durch L gehende Ebene. Unserer Voraussetzung zufolge schneidet P die Fläche S in einem Kreis. Da P den Kreis K in zwei Punkten A und B schneidet (AB ist ein Durchmesser von K), geht der Schnittkreis von S beim Schnitt mit P — den wir mit $C(P)$ bezeichnen wollen — durch die Punkte A und B, und die Gerade L ist Symmetrieachse für die Sehne AB. Bekanntlich geht die Symmetrieachse einer Sehne in einem Kreis durch dessen Mittelpunkt; also geht L durch den Mittelpunkt des Kreises $C(P)$ und schneidet diesen Kreis in zwei zu L und S gehörenden Punkten M und N. Somit muß jeder Kreis, der beim Schnitt von S mit einer durch L gehenden Ebene entsteht, M und N enthalten, da diese Punkte zu S und zu P gehören. L hat mit S keine weiteren Punkte gemeinsam. Wäre Q ein solcher Punkt, dann würde der Schnitt mit P drei verschiedene Punkte M, N und Q enthalten, die alle drei auf einer Geraden liegen; die Gerade L würde den Kreis $C(P)$ also in drei Punkten schneiden, was unmöglich ist. Dem entnehmen wir, daß die Strecke MN ein allen Kreisen $C(P)$ gemeinsamer Durchmesser ist, wenn P eine durch L gehende Ebene ist. Hieraus folgt, daß diese Kreise durch Drehung um den gemeinsamen Durchmesser MN auseinander hervorgehen. Dabei entsteht aber eine Kugeloberfläche mit dem Durchmesser MN. Die Gesamtheit aller Schnitte, die man ausgehend von L erhält, ist also eine Kugeloberfläche S_1, die einen Teil der Fläche S darstellt. Außerhalb von S_1 liegen aber keine weiteren Punkte von S. In der Tat, sei T ein nicht zu S_1 gehörender Punkt von S; eine durch T und den Mittelpunkt von S_1 gehende Gerade würde S_1 in zwei Punkten T_1 und T_2 schneiden; S enthielte also drei auf einer Geraden liegende Punkte T_1, T_2 und T, was unmöglich ist. Also fällt S mit der Kugeloberfläche S_1 zusammen.

47. Wenn man vier Kugeln vom Radius r in der angegebenen Weise zusammenlegt oder packt, bilden ihre Mittelpunkte ein regelmäßiges Tetraeder mit der Kante $2\,r$ (Abb. 81, links). Der Flächenwinkel α dieses Tetraeders läßt sich mit Hilfe des Kosinussatzes in dem Dreieck berechnen, das man erhält, wenn man eine Schnittfläche durch eine Kante des Tetraeders senkrecht zu einer zweiten Kante des Tetraeders legt. Aus der Beziehung $\cos\alpha = \dfrac{1}{3}$ folgt dann, daß der Flächenwinkel angenähert $70°32'$ beträgt.

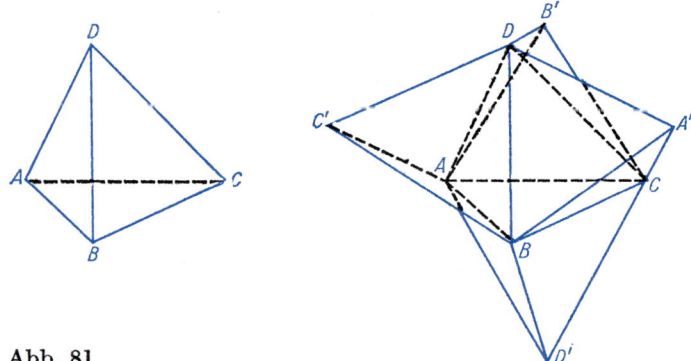

Abb. 81

Wenn wir noch weitere Polyeder konstruieren, deren Ecken
die Mittelpunkte von Kugeln sind, so wird dem Einfügen
einer neuen Kugel in eine der Vertiefungen die Konstruktion eines neuen Tetraeders entsprechen, das zu dem vorhergehenden Tetraeder bezüglich einer gemeinsamen Seitenfläche symmetrisch ist. Da es insgesamt vier Vertiefungen gibt, entspricht dem Hinzufügen von vier Kugeln die
Konstruktion von vier Tetraedern auf dem Ausgangs-
tetraeder. Dabei entsteht ein Sternpolyeder, wie es Abbildung 81, rechts, zeigt. Es besitzt zwölf Seitenflächen; die
aus den Kugeln bestehende Figur hat folglich zwölf Vertiefungen.

Versuchen wir jetzt in jede der entstandenen Vertiefungen
eine weitere Kugel einzufügen, so stellen wir fest, daß nicht
alle Kugeln Platz finden. Wenn wir nämlich zum Beispiel
auf der Fläche $A'BC$ das Tetraeder $A'BCD''$ konstruieren
und auf der Fläche BCD' das Tetraeder $A''BCD'$, so läßt
sich diese Konstruktion tatsächlich ausführen, da $5\alpha < 360°$
ist. Der Abstand $A''D''$ zwischen den Ecken der neu kon-
struierten Tetraeder läßt sich mit Hilfe der Beziehungen
am ebenen Dreieck berechnen und ergibt sich damit zu
$2\,r\,\sqrt{3}\,\sin\left(180° - \dfrac{5}{2}\,\alpha\right)$, ist also $\dfrac{2}{9}\,r$, kleiner als $2\,r$. Folglich können die Punkte A'' und D'' nicht gleichzeitig Mittel-
punkte von Kugeln mit dem Radius r sein.

Man kann somit von jedem Paar von Vertiefungen an jeder

Innenkante des Sternpolyeders höchstens eine Vertiefung zum Einfügen einer Kugel benutzen. Als dritte Schale können somit insgesamt sechs Kugeln hinzugefügt werden. Diese eine Kugel kann aber tatsächlich eingefügt werden, da beispielsweise

$$A'A'' = 2\,r\,\sqrt{3}\sin 2\alpha = \frac{8\,\sqrt{6}}{9}\,r > 2\,r\,.$$

Im folgenden wollen wir immer „Seitenfläche" statt „Vertiefung" und „Ecke" statt „Kugelmittelpunkt" sagen. Wir nehmen an, die Seitenflächen $A'BD$, $B'CD$, $AC'D$, ABD', BCD', ACD' seien „lebendig", die anderen seien „tot" (d. h. nicht füllbar).

Dann können auf dem gegebenen Polyeder die Tetraeder $A'BDG$, $B'CDE$, $AC'DF$, $ABC''D'$, $A''BCD'$, $AB''CD'$ konstruiert werden, die insgesamt 18 Seitenflächen besitzen. Die letzten drei Tetraeder haben jeweils nur eine einzige füllbare Seitenfläche. Ebenso hat jedes der ersten drei Tetraeder nur eine einzige füllbare Seitenfläche, d. h., für die vierte Schule ergeben sich insgesamt sechs Kugeln.

Dieser Prozeß kann selbstverständlich fortgesetzt werden. Wenn man zu jeder folgenden Schale die Kugeln hinzugefügt hat, werden gewisse Seitenflächen der aus den Kugelmittelpunkten gebildeten Polyeder „sterben", die übrigen füllbaren Seitenflächen aber werden neue Tetraeder erzeugen.

48. Es sei r der Radius der gegebenen Kugeln. Zunächst bemerken wir, daß wir eine Kugel derart mit einem Kranz aus sechs Kugeln umgeben können, daß jede davon die

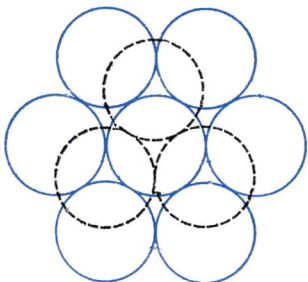

Abb. 82

erste Kugel (die wir als erste Schale ansehen wollen) und die beiden benachbarten Kugeln berührt. Dabei liegen die Mittelpunkte aller Kugeln in einer Ebene (Abb. 82). An den Stellen, an denen je drei der sieben Kugeln aneinanderstoßen, entstehen Vertiefungen für weitere Kugeln. Es sind deren zwölf. Wenn wir annehmen, daß die in Abbildung 82 dargestellte Ebene durch die Mittelpunkte der betrachteten sieben Kugeln geht, dann können wir in die oberhalb dieser Ebene befindlichen Vertiefungen nur drei Kugeln einfügen, die die Kugel aus der ersten Schale berühren. Man überzeugt sich leicht davon, daß diese Kugeln (in Abbildung 82 sind sie gestrichelt gezeichnet) tatsächlich eingefügt werden können; denn der Abstand zwischen ihren Mittelpunkten ist gleich 2 r. In die unterhalb dieser Ebene befindlichen Vertiefungen lassen sich ebenfalls drei Kugeln hineinlegen. Allerdings kann das nur auf zwei Weisen geschehen: Einmal genau unter die in den oberen Vertiefungen liegenden Kugeln oder zum anderen genau zwischen diese.

Man kann demnach eine Kugel auf zwei Arten mit zwölf Kugeln umgeben, die jeweils eine zweite Schale bilden. Die Mittelpunkte dieser zwölf Kugeln sind die Ecken zweier Vierzehnflächner W_1 und W_2 (Abb. 83). Sechs ihrer Seitenflächen sind Quadrate, acht sind gleichseitige Dreiecke. Die Kanten der Polyeder, also die Seiten der Quadrate und der Dreiecke haben die Länge 2 r. Da die Mittelpunkte der Kugeln aus der zweiten Schale sämtlich den Abstand 2 r zum Mittelpunkt der Kugel aus der ersten Schale haben, sind auch die Ecken der Polyeder W_1 und W_2 gleichweit

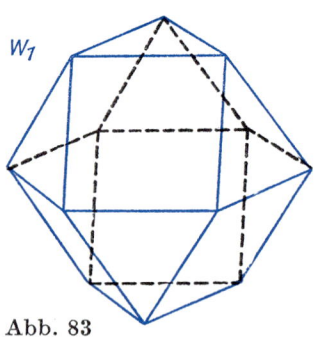
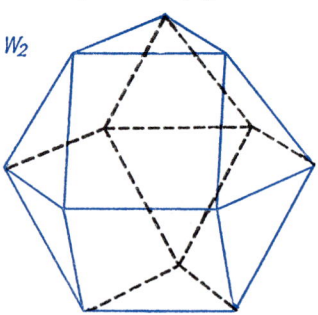

W_1 W_2

Abb. 83

vom Mittelpunkt der Kugel aus der ersten Schale entfernt. Dieser Abstand ist also gleich 2 r. Darauf aufbauend kann man die Flächenwinkel der Polyeder W_1 und W_2 berechnen. Wenn wir die Ecken der Polyeder mit dem Mittelpunkt der Kugel aus der ersten Schale verbinden, so können wir in beiden Polyedern sechs Pyramiden mit quadratischer Grundfläche und Kanten der Länge 2 r sowie acht regelmäßige Tetraeder mit Kanten der Länge 2 r unterscheiden. Den Flächenwinkel an der Grundfläche der Pyramide bezeichnen wir mit α, den des Tetraeders mit β. Wie man leicht berechnet, ist

$$\cos \alpha = \frac{1}{\sqrt{3}} \text{ und } \cos \beta = \frac{1}{3} ;$$

daraus folgt

$$\alpha = 54°44' \quad \text{und} \quad \beta = 70°32'.$$

Die Flächenwinkel des Polyeders W_1 sind deshalb gleich $\alpha + \beta$; die Flächenwinkel des Polyeders W_2 betragen zwischen zwei Dreiecksflächen 2 β, zwischen zwei quadratischen Flächen 2 α und zwischen Dreiecksfläche und quadratischer Fläche $\alpha + \beta$.

Die den beiden Polyedern W_1 und W_2 entsprechenden Kugelpackungen enthalten jeweils vierzehn Vertiefungen.

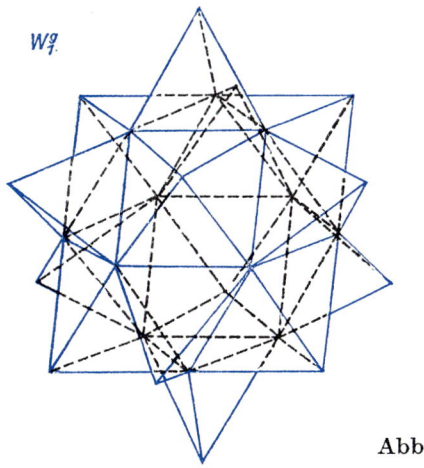

$W_7^g.$

Abb. 84

Acht davon werden von drei Kugeln, sechs von vier Kugeln
gebildet. Man überzeugt sich leicht, daß in jede Vertiefung
eine Kugel gelegt werden kann (wie beweist man das?).
Die dritte Schale wird folglich aus vierzehn Kugeln bestehen. Das Sternpolyeder W_1^q aus Abbildung 84 hat 48
Flächen. Daher bilden die Kugeln der dritten Schale, deren
Mittelpunkten dieses Polyeders entspricht, 48 Vertiefungen. In keine davon kann mehr eine Kugel eingefügt werden
(warum?).

Betrachten wir noch die aus denjenigen Kugeln gebildete
Figur, deren Mittelpunkte die Ecken des Polyeders W_2
sind, sowie das aus W_2 konstruierte Sternpolyeder W_2^q. In
diesem Falle können wir in den Vertiefungen der dritten
Schale noch drei Kugeln unterbringen, die eine vierte
Schale bilden. Damit ist aber auch hier die letzte Schale
erreicht; eine fünfte Kugelschale können wir nicht mehr
hinzufügen.

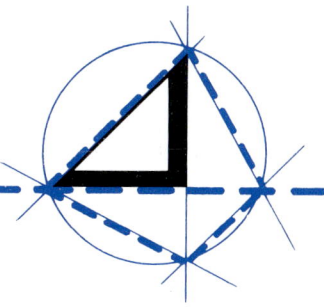

IV. Praktisches und Unpraktisches

49. In Abbildung 85 ist die Lösung dargestellt. Anstelle der vom Verfasser des Lehrbuches angegebenen 4 cm war „5 cm" gesetzt worden.

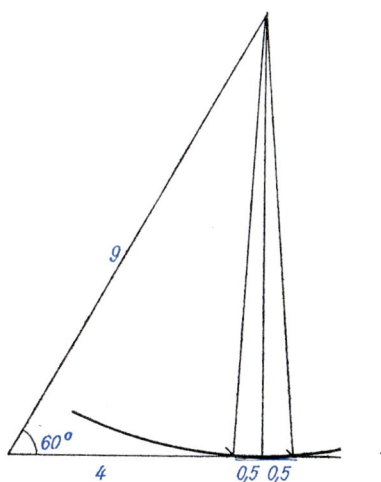

Abb. 85

50. Wir vergleichen zunächst ein erstes Paar von Gegenständen und danach ein zweites. Darauf legen wir den schwereren Gegenstand aus dem ersten Paar und den schwereren des zweiten Paares auf die Waage. Im Ergebnis dieser drei Wägungen können wir schreiben:

$$A < B < C$$
$$\vee$$
$$D$$

Wobei $M < N$ bedeutet, „M ist leichter als N".

121

Der fünfte Gegenstand E kann mit in der Reihe ABC angeordnet werden, indem man ihn zuerst mit B und danach mit C oder A vergleicht, je nachdem ob E schwerer oder leichter als B ist. Mit zwei weiteren Wägungen gelangen wir also auf eine der folgenden Anordnungen:

1) $A < B < C < E$
$$\vee$$
$$D$$

2) $A < B < E < C$
$$\vee$$
$$D$$

3) $E < A < B < C$
$$\vee$$
$$D$$

4) $A < E < B < C$
$$\vee$$
$$D$$

Im Falle (1) vergleichen wir D mit A; stellt sich $D < A$ heraus, so haben wir das gesuchte Ergebnis mit sechs Wägungen gefunden; ist aber $D > A$, so muß noch D mit B verglichen werden, und diese siebente Wägung liefert das Ergebnis:

$$A < D < B < C < E \text{ bzw. } A < B < D < C < E.$$

Im Falle (2) ordnen zwei Wägungen D in die Reihe ABE ein; zuerst vergleicht man D mit B; das ergibt insgesamt sieben Wägungen. Die Fälle (3) und (4) werden wie (2) behandelt.

Sieben Wägungen reichen also aus, um fünf Gegenstände zu klassifizieren. Wir überlassen es dem Leser nachzuweisen, daß sechs Wägungen nicht in allen Fällen ausreichen.

51. Für alle Fälle reichen vier Versuche aus, wenn man folgendermaßen vorgeht: Zuerst wird der Bolzen mit der mittleren Öffnung verglichen, d. h. mit der achten; darauf — je nach Befund — mit der vierten oder zwölften usw. Das Ergebnis jedes Versuchs besteht in der Antwort „ja" (wenn der Bolzen in die Öffnung paßt) oder „nein" (wenn der Bolzen nicht in die Öffnung hineingeht). Vier Versuche ergeben somit sechzehn Möglichkeiten, d. h. soviel, wie man Bolzendurchmesser mit dem Gerät unterscheiden kann.

52. Wir stellen den Ziegelstein so auf eine Tischecke, daß Stein und Tisch Kante auf Kante stehen. Wir markieren mit einem Bleistift den Umriß des Ziegels auf dem Tisch und verschieben den Stein längs einer Tischkante bis genau hinter diese Markierung. Dann messen wir mit einem Lineal in der Luft die Strecke von der Tischdecke zu der senkrecht über der Markierung liegenden entferntesten Ecke des Ziegelsteins.

Hier noch eine andere Lösung: Wir legen ein Lineal mit der Kante entlang der Diagonalen der oberen Ziegelfläche, verschieben das Lineal um die Länge dieser Diagonalen und messen den Abstand AM (Abb. 86).

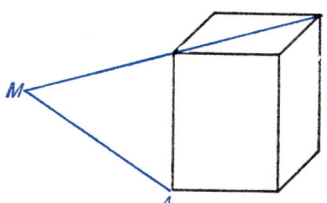

Abb. 86

53. Es ist völlig klar, daß man die Schnur, wenn sie nicht dehnbar ist, nicht so verschieben kann, daß ein Teilstück nicht mehr zu der entsprechenden Kante parallel ist. Auch die Punkte auf dem Deckel und dem Boden des Kartons, an denen sich die Schnur überschneidet, lassen sich nicht verändern. In diesem Falle müßte eines von den Teilstücken des Bindfadens, das die Punkte verbindet, länger werden (Abb. 87).

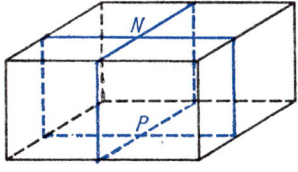

Abb. 87

54. Wir bezeichnen die verschiedenen Möglichkeiten durch die ihnen entsprechenden Nummern aus der Aufgabenstellung und schreiben $p \rightarrow q$ (Implikation) für den Sachverhalt, daß die Antwort „ja" auf p die Antwort „ja" auf q nach sich zieht.

Dann gelten folgende Implikationen:

$$1 \rightarrow 2, 1 \rightarrow 3, 1 \rightarrow 4, 1 \rightarrow 7, 1 \rightarrow 8, 1 \rightarrow 10, 1 \rightarrow 12,$$
$$1 \rightarrow 13,$$
$$2 \rightarrow 4,$$
$$3 \rightarrow 7,$$
$$4 \rightarrow 2,$$
$$5 \rightarrow 7,$$
$$6 \rightarrow 2, 6 \rightarrow 4, 6 \rightarrow 9,$$
$$5 \rightarrow 3, 7 \rightarrow 3,$$
$$8 \rightarrow 3, 8 \rightarrow 7.$$

Die Fragen 2 und 4 sind also äquivalent, ebenso die Fragen 3 und 7.

55. Es sei n die Anzahl der fangreifen Fische im Teich. Dann ist das Verhältnis der Anzahl der gekennzeichneten Fische zur Anzahl aller Fische im Teich gleich 30 : n.

Beim zweiten Mal fing der Fischzüchter 40 Fische, darunter zwei gekennzeichnete. Das Verhältnis der Anzahl der gekennzeichneten Fische zur Gesamtzahl ist also 1 : 20.

Wenn wir annehmen, die gekennzeichneten Fische seien gleichmäßig unter allen Fischen im Teich verteilt, dann müssen die beiden obenstehenden Verhältnisse gleich sein. Also ist

$$30 : n = 1 : 20$$

und daraus folgt $n = 600$.

Es gibt also ungefähr 600 fangreife Fische im Teich.

56. Der Beschreibung des Weges durch den Reisenden ist zu entnehmen, daß sein Zelt am Nordpol stand. Nun geht die Sonne am Nordpol aber nur einmal im Jahre auf — am Tage der Frühlings-Tagundnachtgleiche, d. h. am 21. März. Das ist also der Geburtstag Meißners.

57. Mit I, II, III, IV, V, VI, VII bezeichnen wir die aufeinanderfolgenden Tage einer Woche; dann stellen wir eine Tabelle auf, wobei wir annehmen, daß der mit I bezeichnete Tag einem bestimmten Datum des Jahres 1911 entspricht.

In der Spalte A sind die Jahre aufgeführt (Schaltjahre fett gedruckt). In der Spalte B stehen die Wochentage, die dem von uns gewählten Datum aus dem Jahre 1911 in den einzelnen Jahren entsprechen, falls dieser Tag zwischen dem 1. Januar und dem 28. Februar liegt. In der Spalte C stehen die Wochentage, die auf das gewählte Datum fallen, wenn dieses zwischen dem 1. März und dem 31. Dezember liegt. In der Spalte D sind schließlich die Wochentage zusammengestellt, die in den Schaltjahren auf den 29. Februar fallen, falls dieser das betreffende Datum ist.

A	B	C	D	A	B	C	D
1911	I	I		1931	V	V	
1912	II	III	I	**1932**	VI	VII	V
1913	IV	IV		1933	I	I	
1914	V	V		1934	II	II	
1915	VI	VI		1935	III	III	
1916	VII	I	VI	**1936**	IV	V	III
1917	II	II		1937	VI	VI	
1918	III	III		1938	VII	VII	
1919	IV	IV		1939	I	I	
1920	V	VI	IV	**1940**	II	III	I
1921	VII	VII		1941	IV	IV	
1922	I	I		1942	V	V	
1923	II	II		1943	VI	VI	
1924	III	IV	II	**1944**	VII	I	VI
1925	V	V		1945	II	II	
1926	VI	VI		1946	III	III	
1927	VII	VII		1947	IV	IV	
1928	I	II	VII	**1948**	V	VI	IV
1929	III	III		1949	VII	VII	
1930	IV	IV		1950	I	I	

Wie dieser Tabelle zu entnehmen ist, vergrößert sich für Daten vor dem 1. März die dem Wochentag entsprechende Nummer nach gewöhnlichen Jahren um 1, nach Schaltjahren um 2, und für Daten nach dem 1. März wächst diese Nummer vor einem gewöhnlichen Jahr um 1 und vor einem Schaltjahr um 2.

Ferner sehen wir: Fällt in einem Jahr ein vom 29. Februar verschiedenes Datum beispielsweise auf Montag, dann wiederholt sich das entweder 5 Jahre, 6 Jahre oder 11 Jahre später (wenn in der fraglichen Zeit kein Jahr liegt, dessen Jahreszahl durch 100 teilbar ist, ohne durch 400 teilbar zu sein).

Wenn Frau Sophie an einem anderen Tag als dem 29. Februar geboren wäre und ihren Geburtstag bis zum 27. Juli 1950 nur einmal gefeiert hätte, dann wäre sie zu diesem Zeitpunkt noch ein Kind gewesen, also nicht verheiratet, und es gäbe keinen Grund dafür, von ihr als „Frau" zu sprechen bzw. zu sagen, sie sei noch nicht sehr alt.

Wir wollen also annehmen, Frau Sophie sei am 29. Februar geboren. Der 29. Februar fällt alle 28 Jahre auf denselben Wochentag (wenn kein Jahr dazwischen liegt, dessen Jahreszahl durch 100, aber nicht durch 400 teilbar ist). Da sie bisher nur einmal Geburtstag gefeiert hat, hat sie das nicht vor 1924 und nicht nach 1948 tun können.

Da Frau Sophie aber, wie wir wissen, nach dem ersten Weltkrieg geboren wurde, hat sie ihren ersten Geburtstag zum ersten Male 1948 gefeiert; ihr Geburtsdatum ist also der 29. Februar 1920.

58. Die von zwei zueinander senkrechten Geraden gebildete Figur wollen wir „Kreuz" nennen. So stellen zum Beispiel die gestrichelten Linien in Abbildung 88 ein Kreuz dar, in dem wir die Vertikale durch einen nach oben weisenden Pfeil gekennzeichnet haben. Unabhängig von der Gestalt der ebenen Figur kann dieses Kreuz stets so parallel verschoben werden, daß jede der beiden Teilfiguren, die oberhalb der gestrichelten Horizontalen und zu beiden Seiten der durch den Pfeil gekennzeichneten Vertikalen liegen, einen Flächeninhalt hat, der gleich $\frac{P}{4}$ ist, wenn P den Flächeninhalt der ganzen Figur bezeichnet. Diese oberen Viertel sind gestrichelt schraffiert. Wenn dann auch noch die beiden unteren Viertel flächengleich sind, ist unser Satz bewiesen.

Nehmen wir an, dem sei nicht so, und das linke untere Vier-

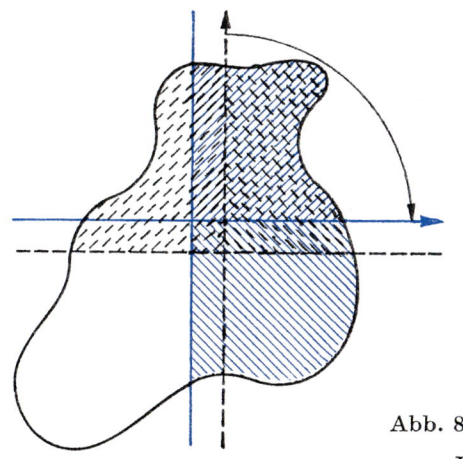

Abb. 88

tel hätte einen größeren Flächeninhalt als $\dfrac{P}{4}$, wäre also

größer als das rechte untere Viertel. Wir drehen das Kreuz im Uhrzeigersinn so, daß die zu beiden Seiten der mit dem Pfeil versehenen Linie liegenden Viertel immer den Flächeninhalt $\dfrac{P}{4}$ haben. Nach einer Drehung um 90° nimmt das Kreuz die in Abbildung 88 durch ausgezogene Linien angegebene Lage ein. Damit die durchgehend schraffierten Viertel den Flächeninhalt $\dfrac{P}{4}$ haben, muß die Vertikale nach links und die Horizontale nach oben verschoben werden. In dieser neuen Lage des Kreuzes hat das (in bezug auf die durch den Pfeil bezeichnete Gerade) linke untere Viertel einen kleineren Flächeninhalt als $\dfrac{P}{4}$, da es in dem gestrichelt schraffierten Gebiet mit dem Flächeninhalt $\dfrac{P}{4}$ enthalten ist. Daher hat das rechte untere Teilgebiet einen größeren Flächeninhalt als $\dfrac{P}{4}$. Bei dieser neuen Lage des Kreuzes haben wir also die Figur anders zerlegt als beim ersten Male; folglich tritt während der Drehung einmal die Lage ein, bei der alle Teilfiguren den gleichen Flächeninhalt haben.

127

Dieser Beweis für die Möglichkeit, einen Kuchen in vier gleiche Teile zu zerlegen, enthält keinerlei Rechnungen. Wollte man aber ein gegebenes Dreieck tatsächlich auf diese Weise zerlegen, dann wären Rechnungen — und durchaus keine einfachen — unumgänglich.

59. Der Flächeninhalt eines Querschnitts des umwickelten Zylinders ist $25\,\pi$ cm², und davon nimmt das Band 25 cm² ein; der Flächeninhalt des Mittelteils ist also $25\,(\pi - 1)$ cm². Mit d bezeichnen wir den Durchmesser der Papprolle (ohne Band); aus der Gleichung

$$\pi\,\frac{d^2}{4} = 25\,(\pi - 1)\ \text{cm}^2$$

ergibt sich dann

$$d = 10\,\sqrt{\frac{\pi - 1}{\pi}}\ \text{cm} \approx 8{,}26\ \text{cm}.$$

60. Wie Abbildung 2 zeigt, ist $AO = \sqrt{OB^2 - AB^2}$.

Da AB gleich der Breite s des beweglichen Lineals und ferner der kürzeste Abstand OB gleich dem Abstand h des Nagels von dem festen Lineal ist, erhalten wir $\sqrt{h^2 - s^2}$ als Minimum von AO.

61. Wir zeichnen den Verlauf des Bandes auf den sechs Flächen einer Konfektschachtel (von der Form eines rechtwinkligen Parallelepipeds), schneiden dann die Schachtel auf und klappen sie auseinander. So erhalten wir eine gerade Linie (Abb. 89, wo die großen Flächen zweimal dargestellt sind). Der Abbildung ist ohne weiteres zu entnehmen:

1) Die Länge des Bandes ist gleich $2\,\sqrt{(a + c)^2 + (b + c)^2}$.

2) Den Winkel, unter dem das Band die Kanten schneidet, findet man aus

$$\tan \alpha = \frac{a + c}{b + c}\ \text{bzw.}\ \tan \beta = \frac{b + c}{a + c}.$$

3) Das Band kann auf der Schachtel verschoben werden,

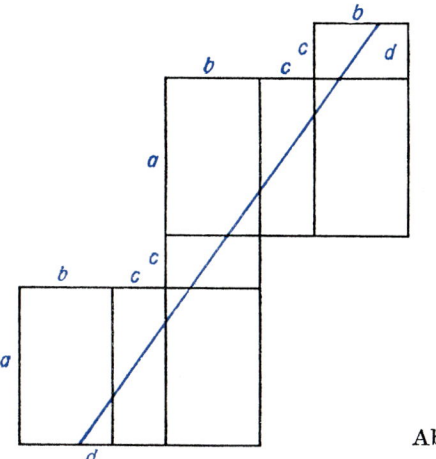

Abb. 89

ohne daß es ausgedehnt wird (dem entspricht in Abbildung 89 eine Parallelverschiebung der das Band darstellenden Geraden).

4) Die Länge des Bandes wird dann am kleinsten sein, wenn das Band die größten Flächen der Schachtel zweimal durchläuft; ist

$$c < a \quad \text{und} \quad c < b,$$

wobei c die Höhe der Schachtel bezeichnet, so sind diese Flächen der Boden und der Deckel der Schachtel.

62. Wir wollen uns nur mit dem Fall beschäftigen, daß wir ein Wägestück von 1 kp haben.

Es sei $AC = l$ (Abb. 90) der Abstand des Schwerpunktes C des nichtbeschwerten Stabes vom Punkte A, wo die Last befestigt wird; es sei Q die Masse des Stabes. Den Schwerpunkt bestimmen wir experimentell.

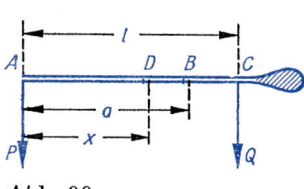

Abb. 90

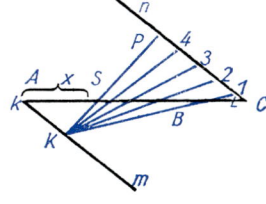

Abb. 91

129

Wir wollen annehmen, der Stab befinde sich bei einer Belastung von 1 kp im Punkte A im Gleichgewicht, wenn wir ihn im Punkte B unterstützen. Die Länge der Strecke AB bezeichnen wir mit a. Es sei D der einer im Punkte A angebrachten Last von p kp entsprechende Gleichgewichtspunkt; den Abstand AD bezeichnen wir mit x.

Die oben besprochenen Gleichgewichtsbedingungen führen auf die Gleichheit der Drehmomente

$$a = Q\,(l - a),\ px = Q\,(l - x),$$

und daraus folgt

$$\frac{px}{a} = \frac{l - x}{l - a}. \tag{1}$$

Zur Festlegung der Skale auf dem Stab zeichnen wir uns die Strecke AC auf, tragen den Punkt B ein und konstruieren zwei parallele Halbgeraden Am und Cn, die von den Punkten A und C ausgehen und in entgegengesetzte Richtungen laufen (Abb. 91).

Auf der Halbgeraden vom Punkte C aus tragen wir gleichlange Strecken $C1$, 12, 23, ... ab. Durch den Punkt 1 auf Cn, dessen Abstand von C gleich 1 ist, und den Punkt B auf der Strecke AC legen wir eine Gerade. Diese schneidet die von A ausgehende Halbgerade im Punkte K.

Aus der Ähnlichkeit der Dreiecke AKB und $C1B$ ergibt sich für die Strecke $AK = k$ die Beziehung

$$k = \frac{a}{l - a},\ \text{worin}\ l > a. \tag{2}$$

Wir wählen K als Projektionszentrum und projizieren jetzt die auf der Halbgeraden Cn befindliche Skale auf die Strecke AC. Es sei S die Projektion des Punktes P, so daß $CP = p$ ist. Aus der Ähnlichkeit der Dreiecke AKS und CPS ergibt sich unter Berücksichtigung von Gleichung (2)

$$\frac{p \cdot AS}{a} = \frac{l - AS}{l - a}. \tag{3}$$

Vergleichen wir dieses Ergebnis mit der Gleichung (1), so

folgt $AS = x$. Der Punkt S ist also der gesuchte Gleichgewichtspunkt, d. h. der Punkt, in dem der mit p kp be-
lastete Stab unterstützt werden muß.

Auf die oben beschriebene Weise kann also der Stab geeicht
werden; die Skale kann so fein gemacht werden, wie man
will, wenn man auf Cn eine hinreichend feine gleichmäßige
Unterteilung abträgt.

63. Aus der Aufgabenstellung ergeben sich unmittelbar die
Beziehungen

$$s_1 + s_2 + \cdots + s_n = m,$$

$$g_1 + g_2 + \cdots + g_m = n.$$

Da dieselbe Sorte von Bäumen in mehreren Gärten wachsen
kann und in einem Garten auch mehrere Sorten Bäume
stehen können, gilt

$$1 \cdot s_1 + 2 \cdot s_2 + \cdots + n \cdot s_n \geqslant n,$$

$$1 \cdot g_1 + 2 \cdot g_2 + \cdots + m \cdot g_n \geqslant m.$$

64. Die Aufgabe kann folgendermaßen gelöst werden. Wir
stellen das Nivelliergerät am Punkte O des zu untersuchen-
den Geländes auf (Abb. 92) und messen die Neigung des
Geländes in einer beliebig gewählten Richtung OC_1. Dazu
stellen wir in einem in dieser Richtung liegenden Punkt A_1
die Meßlatte auf und messen die Entfernung d_1 sowie den
Niveauunterschied h_1 zwischen den Punkten O und A_1. Die

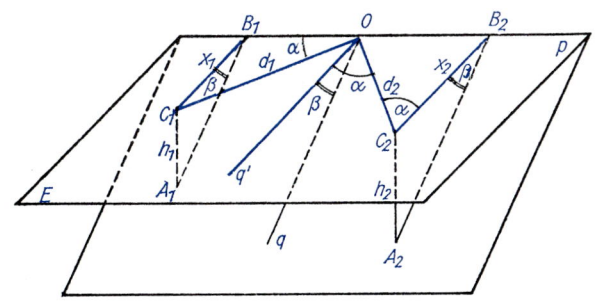

Abb. 92

Neigung des Geländes wird durch den Quotienten

$$t_1 = \frac{h_1}{d_1}$$

gegeben.

Danach drehen wir das Fernrohr um 90° in die Richtung OC_2, die zu OC_1 senkrecht ist, führen die gleichen Messungen wie vorhin aus und erhalten als Neigung in der neuen Richtung

$$t_2 = \frac{h_2}{d_2}.$$

Wir nehmen OC_1 und OC_2 als x-Achse bzw. y-Achse. Nun betrachten wir den Vektor, dessen Komponenten in diesem Koordinatensystem t_1 und t_2 sind. Die Richtung dieses Vektors ist gleich der Neigungsrichtung, und seine Länge, d. h. die Zahl $\sqrt{t_1^2 + t_2^2}$, ist die Neigung des Geländes.

Beweis: Es sei p die durch den Punkt O gehende Niveaulinie, q die Neigungslinie, q' die Projektion dieser Linie auf die durch p gehende horizontale Ebene E, und β der Neigungswinkel des Geländes und α der unbekannte Winkel, den q' und die Richtung OC_2 einschließen.

Es ist

$$\tan \beta = \frac{h_1}{x_1} = \frac{h_2}{x_2},$$

also

$$\frac{x_1}{x_2} = \frac{h_1}{h_2}.$$

Außerdem ist

$$\frac{x_1}{d_1} = \sin \alpha, \quad \frac{x_2}{d_2} = \cos \alpha,$$

folglich

$$\tan \alpha = \frac{x_1 d_2}{x_2 d_1} = \frac{h_1 d_2}{h_2 d_1} = \frac{t_1}{t_2}.$$

Die Richtung der Neigungslinie ist also tatsächlich die oben angegebene.

Wenn wir schließlich die Neigung des Geländes berechnen, finden wir

$$\tan \beta = \frac{h_2}{x_2} = \frac{h_2}{d_2 \cos \alpha}$$

$$= \frac{h_2}{d_2} \sqrt{1 + \tan^2 \alpha} = \sqrt{t_1{}^2 + t_2{}^2} = t.$$

65.   Es handelt sich bei den fraglichen Symbolen um die folgenden:

1. $abcd$	9. $ab'cd'$
2. $abcd'$	10. $a'bc'd$
3. $abc'd$	11. $a'bcd'$
4. $ab'cd$	12. $ab'c'd'$
5. $a'bcd$	13. $a'bc'd'$
6. $abc'd'$	14. $a'b'cd'$
7. $ab'c'd$	15. $a'b'c'd$
8. $a'b'cd$	16. $a'b'c'd'$

Wir zeigen, daß es unter diesen Symbolen zwei gibt, nämlich $ab'c'd$ und $a'bcd'$, denen kein Zug entspricht.

Mit R_r bezeichnen wir die Anzahl der Raucher, die in den Raucherabteilen fahren, mit R_n die Anzahl der Raucher in den Abteilen für Nichtraucher, mit N_r und N_n die Anzahl der Nichtraucher, die in den Raucherabteilen bzw. in den Abteilen für Nichtraucher fahren.

Jetzt betrachten wir das Symbol $ab'c'd$. Der Bedeutung der Buchstaben a, b', c', d zufolge müssen die folgenden Ungleichungen erfüllt sein:

(1) $R_r > R_n,\ N_r < N_n,\ R_r < N_r,\ R_n > N_n.$

Die ersten drei Ungleichungen aus (1) ergeben

$$N_n > N_r > R_r > R_n,$$

woraus $N_n > R_n$ folgt, was der vierten Ungleichung in (1) widerspricht.

Das Symbol $ab'c'd$ ist also widerspruchsvoll, kann also nicht zur Bezeichnung eines Zuges dienen.

Auch das Symbol $a'bcd'$ ist widerspruchsvoll; denn es stellt die folgenden Ungleichungen dar:

$$(2) \quad R_r < R_n, \ N_r > N_n, \ R_r > N_r, \ R_n < N_n,$$

und davon widersprechen die ersten drei der vierten.

Mit den übrigen vierzehn Symbolen können Züge bezeichnet werden, wie es die folgende Tabelle zeigt (R ist ein Raucher, N ein Nichtraucher):

Nummer des Zuges	Symbol	Verteilung der Fahrgäste in den Abteilen			
		für Raucher		für Nichtraucher	
1	$abcd$	RRR	NN	RR	N
2	$abcd'$	$RRRR$	NNN	R	NN
3	$abc'd$	RRR	$NNNN$	RR	N
4	$ab'cd$	$RRRR$	N	RRR	NN
5	$a'bcd$	RRR	NN	$RRRR$	N
6	$abc'd'$	RR	NNN	R	NN
7					
8	$a'b'cd$	RR	N	RRR	NN
9	$ab'cd'$	RR	N	R	NN
10	$a'b'c'd$	R	NN	RR	N
11					
12	$ab'c'd'$	RR	NNN	R	$NNNN$
13	$a'bc'd'$	R	$NNNN$	RR	NNN
14	$a'b'cd'$	RR	N	RRR	$NNNN$
15	$a'b'c'd$	R	NN	$RRRR$	NNN
16	$a'b'c'd'$	R	NN	RR	NNN

66. Wir wollen annehmen, die Stadt M sei durch die Strecken MA, MB, MC, MD, ... mit den Städten A, B, C, D, ... verbunden (Abb. 93). Nun verbinden wir A und B. Es ist also

$$AM < AB \quad \text{und} \quad BM < AB.$$

Im anderen Fall wären A und B verbunden, und mindestens eine der Verbindungen AM und BM könnte dann

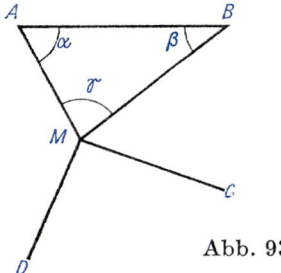

Abb. 93

nicht bestehen. Aus den obenstehenden Ungleichungen folgt

$$\gamma > \alpha \text{ und } \gamma > \beta;$$

addiert man diese Ungleichungen und die Gleichung $\gamma = \gamma$, so erhält man

$$3\gamma > \alpha + \beta + \gamma \text{ oder } 3\gamma > 180°,$$

woraus $\gamma > 60°$ folgt.

Aus dieser Ungleichung leitet man unmittelbar ab, daß M nicht eine Ecke sein kann, die zu mehr als fünf Dreiecken vom Typ MAB gehört; was zu beweisen war.

67. Auf der Erdoberfläche sind Großkreisbögen die kürzesten Wege, d. h. Kreisbögen, die in einer durch den Erdmittelpunkt gehenden Ebene liegen.

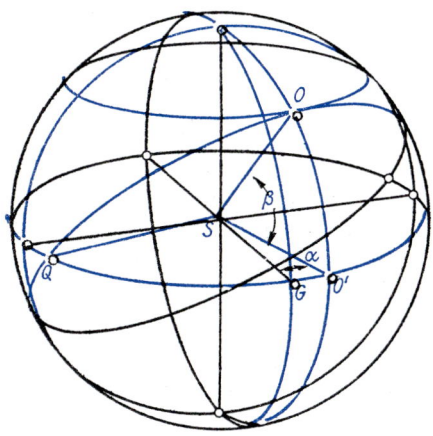

Abb. 94

Da das Flugzeug nach dem Start in Oslo in westlicher Richtung verschwand, ist die Flugbahn ein Großkreisbogen, der den Längenkreis von Oslo ($\alpha = 10°43'$ östlicher Länge) unter einem rechten Winkel schneidet.

Es seien (Abb. 94) S und O der Erdmittelpunkt bzw. der Oslo entsprechende Punkt. Mit Q, G und O' bezeichnen wir die Punkte, in denen der Äquator den der Flugbahn entsprechenden Großkreis, den Längengrad von Greenwich bzw. den Längengrad von Oslo schneidet.

Wie man leicht sieht, ist der Winkel QSO' ein rechter Winkel, deshalb ist

$$\sphericalangle GSQ = 90° - \sphericalangle GSO' = 90° - 10°43' = 79°17'.$$

Der Punkt, in dem das Flugzeug landet, liegt also auf dem Äquator, und seine westliche Länge ist gleich **79°17'** (dieser Punkt liegt etwa 120 km westlich von Quito, der Hauptstadt Ekuadors, in der Provinz Pichincha). Da der Bogen OQ ein Viertel von einem Großkreis ausmacht, beträgt die Flugstrecke etwa 10000 km.

Da die Ebene OSQ mit der Äquatorialebene einen Winkel $\beta = 59°55'$ bildet, haben die auf dem Flugplatz in Ekuador versammelten Zuschauer das Flugzeug aus der nördlichen Richtung zu erwarten, die mit der Ostrichtung den Winkel 59°55' einschließt.

68. Der kürzeste Tag in Wrocław (d. h. der Zeitraum zwischen Sonnenaufgang und Sonnenuntergang) ist natürlich der Tag, an dem die Sonne am Horizont am niedrigsten steht (Wintersonnenwende), was alljährlich um den 23. Dezember geschieht. Um die Länge dieses Tages bestimmen zu können, müssen wir die geographische Breite φ von Wrocław, $\varphi = 51°07'$, und den Winkel ε kennen, den die Äquatorialebene und die Ekliptik einschließen, $\varepsilon = 23°27'$ (beide Werte sind Näherungswerte).

Mit O bezeichnen wir den Erdmittelpunkt und mit M den Punkt, der Wrocław entspricht (Abb. 95). Es sei NS die Achse, um die sich die Erde dreht. Die Ebene der Ekliptik bezeichnen wir mit xOy. Die durch den Punkt R gehende Äquatorialebene bildet mit ihr den Winkel ε. Die Ebene

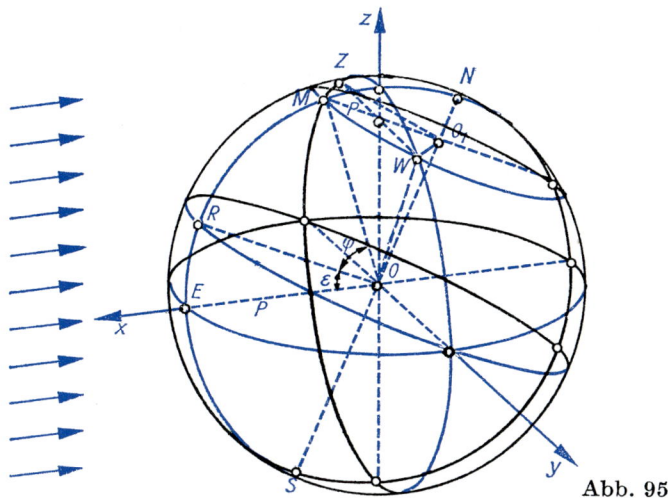

Abb. 95

OWZ, die auf der Ebene der Ekliptik und der Richtung der Sonnenstrahlen senkrecht steht, trennt den von der Sonne beschienenen Teil der Erde von dem unbeschienenen. Beim Sonnenaufgang befindet sich Wrocław in Z, beschreibt danach den Bogen ZMW und ist bei Sonnenuntergang in W angelangt.

Offenbar ist die Länge des kürzesten Tages in Wrocław proportional zur Länge des Breitenkreises ZMW, auf dem Wrocław liegt, oder, kurz gesagt, sie ist proportional dem Winkel $2\beta = ZO_1W$.

Anhand der Abbildung 95 ergibt sich aus den rechtwinkligen Dreiecken O_1PW, OO_1W und OO_1P

$$\cos\beta = \frac{O_1P}{O_1W}, \quad \tan\varphi = \frac{OO_1}{O_1W} \quad \text{und} \quad \tan\varepsilon = \frac{O_1P}{OO_1},$$

also

$$\cos\beta = \tan\varphi \cdot \tan\varepsilon,$$

und hieraus folgt

$$\beta = 57°27'35''.$$

Die Länge des kürzesten Tages in Wrocław ergibt sich aus dem Verhältnis

$$t : T = \beta : 180° \text{ (mit } T = 24 \text{ Stunden)},$$

d. h., es ist

$$t = 7 \text{ Stunden } 39 \text{ Minuten } 10 \text{ Sekunden.}$$

Es sei noch bemerkt, daß die tatsächliche Länge des kürzesten Tages in Wrocław um etwa eine Viertelstunde über der von uns berechneten liegt. Das rührt von der Brechung der Sonnenstrahlen in den oberen Schichten der Erdatmosphäre her (astronomische Refraktion).

69. Bei einer totalen Sonnenfinsternis scheinen die Maße von Sonne und Mond annähernd übereinzustimmen. Hieraus folgt, daß der Durchmesser der Sonne 387mal so groß sein muß wie der des Mondes, und für die Volumina ergibt sich daraus, daß die Sonne $387^3 \approx 58 \cdot 10^6$mal so groß ist.

70. 1) Es kann vorkommen, daß derselbe Schüler zugleich kleinster Riese und größter Zwerg ist. Wenn zu der Klasse $k \cdot m$ Schüler von unterschiedlicher Körpergröße gehören (k und m sind ganze Zahlen, größer als 1; k bezeichnet die Anzahl der Reihen, m die Anzahl der Glieder), dann kann man sie so in einem Rechteck aufstellen, daß irgendein Schüler u, zu dem es wenigstens $k - 1$ kleinere Klassenkameraden und wenigstens $m - 1$ größere gibt, zugleich der kleinste Riese und der größte Zwerg ist (Abb. 96).
2) Es ist unmöglich, daß der kleinste Riese kleiner ist als der größte Zwerg.

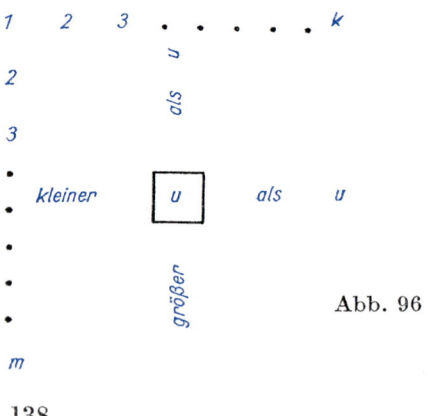

Abb. 96

Zum Beweis bezeichnen wir den größten Zwerg mit u, den kleinsten Riesen mit U. Wir wollen annehmen, es sei $U < u$. Die Schüler U und u können weder zusammen in einer Reihe stehen (sonst wäre u nicht der Kleinste dieser Reihe) noch in einem Glied (sonst wäre U nicht der Größte in diesem Glied). Es sei u_{ik} der Schüler, der sich am Schnittpunkt der Reihe und des Gliedes befindet, in denen u bzw. U stehen. Dann ist

$$u < u_{ik}, \quad u_{ik} < U,$$

u ist also kleiner als U. Die Annahme $U < u$ führt somit zu einem Widerspruch, ist also falsch.

3) Wenn der Lehrer bei der Bestimmung der Riesen diese auf die gleiche Weise ausgesucht hätte wie die Zwerge, d. h. aus den Reihen und nicht aus den Gliedern, dann wäre es offensichtlich nicht möglich, daß derselbe Schüler gleichzeitig der kleinste Riese und der größte Zwerg ist; denn er müßte sowohl der Größte als auch der Kleinste in seiner Reihe sein, und das ist unmöglich.

Allerdings kann in diesem Falle der kleinste Riese größer oder kleiner sein als der größte Zwerg.

In der Tat, wir wollen aus einer Klasse mit $k \cdot m$ Schülern von unterschiedlicher Körpergröße aufs Geratewohl $2\,k + m - 2$ auswählen und sie, nach abnehmender Größe

$$u_1 > u_2 > \cdots > U_{k+m-2}$$

geordnet, längs dreier Seiten eines Rechtecks wie in Abbildung 97 aufstellen.

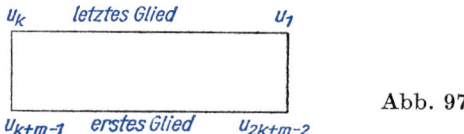

Abb. 97

Die übrigen Schüler werden irgendwie in dem Rechteck verteilt. Der Schüler u_k ist der kleinste Riese, und u_{k+m-1} ist der größte Zwerg; wegen $u_k > u_{k+m-1}$ ist der kleinste Riese größer als der größte Zwerg.

Wenn wir andererseits $k + 2\,m - 2$ Schüler, ebenfalls nach abnehmender Körpergröße geordnet,

139

$$u_1 > u_2 > \cdots > u_{k+2m-2}$$

längs dreier Seiten eines Rechtecks wie in Abbildung 98 aufstellen und die anderen Schüler beliebig auf das Rechteck verteilen, wird der Schüler u_{k+m-1} der kleinste Riese und u_m der größte Zwerg sein; wegen

$$u_{k+m-1} < u_m$$

wird der kleinste Riese kleiner sein als der größte Zwerg.

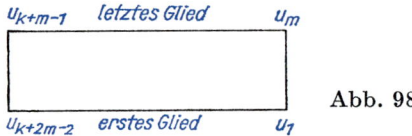

Abb. 98

71. Wir ordnen die für die Blutgruppen stehenden Symbole in Zeilen und Spalten an; die Spender stehen in den Spalten, die Empfänger in den Zeilen:

		Empfänger →			
		0	A	B	AB
Spender	0	+	+	+	+
↓	A	—	+	—	+
	B	—	—	+	+
	AB	—	—	—	+

Um die Tabelle zu lesen, wählen wir irgendeine Zeile und irgendeine Spalte. Wenn an ihrem Schnittpunkt das Zeichen + steht, kann der dieser Zeile entsprechende Spender sein Blut auf einen dieser Spalte entsprechenden Empfänger übertragen, ohne diesen zu gefährden. Gefahr besteht dann, wenn am Schnittpunkt das Zeichen — steht. In dem von uns gewählten Beispiel kann A somit sein Blut nicht für B spenden. Die Tabelle zeigt also, welche Blutübertragungen möglich sind. Man kann sich an Hand der Tabelle davon überzeugen, daß die Gesetzmäßigkeit I erfüllt ist; in der Tat, besagt doch diese Regel, daß in der Diagonalen nur das Zeichen + steht und kein anderes; das ist aber erfüllt. Die Gesetzmäßigkeit II drückt aus, daß in der Spenderreihe 0 nur + stehen, was erfüllt ist. Die Gesetzmäßigkeit III besagt, daß die Empfängerspalte AB nur das Zeichen + enthält: Auch das wird durch die Tabelle erfüllt. Wenn wir in den Aussagen I, II und III nacheinander X durch 0, A, B, AB ersetzen, erhalten wir genau neun Relationen, die in der Tabelle durch das Zeichen + gekennzeichnet sind. Alle anderen Möglichkeiten (es sind sieben) wurden mit dem Zeichen — versehen. Diese Zeichen — stehen gerade an den Schnittpunkten von Reihen und Spalten, die für keine Substitution der Symbole 0, A, B, AB in I, II, III das Zeichen + tragen können; das ist genau die Aussage von IV.

Wie man sieht, ist diese Tabelle dem System der Aussagen I—IV äquivalent, und das beweist (1).

(2) kann an Hand der Tabelle nachgeprüft werden; so ist zum Beispiel $0 \rightarrow A$, $A \rightarrow AB$. Daraus folgt $0 \rightarrow AB$, was die Tabelle bestätigt; ebenso geht man in allen anderen Fällen vor.

(3) Bei keiner Ersetzung von X durch die verschiedenen Symbole in den Aussagen I—III ergibt sich $A \rightarrow B$; hieraus und aus IV folgt, daß diese Relation falsch ist.

72. Es seien X und Y die Symbole für die Blutgruppen der beiden Brüder; mit diesen Symbolen wollen wir auch die Brüder selbst bezeichnen. Da X sein Blut nicht auf Y übertragen kann, steht in der vorhergehenden Tabelle am Schnittpunkt der Zeile X und der Spalte Y ein Minuszeichen; da Y sein Blut nicht auf X übertragen kann, steht auch am Schnittpunkt der Zeile Y und der Spalte X ein Minuszeichen. Die beiden Zeichen liegen symmetrisch bezüglich der Diagonalen in der Tabelle; das kann nur eintreten, wenn einer der Brüder die Blutgruppe A hat, der andere B. Wie man der Tabelle entnimmt, kann A Blut der Gruppen A und 0 aufnehmen; B kann Blut der Gruppen B und 0 empfangen. Da beide Brüder das Blut ihrer Mutter empfangen können, hat diese die Blutgruppe 0. Nach den Vererbungsgesetzen wird zu einem einbuchstabigen Blutgruppensymbol der Eltern eine 0 hinzugefügt, weshalb wir das Symbol der Mutter in der Form 00 schreiben. Da die Kinder von jedem Elternteil einen Buchstaben mitbekommen, heißt das, die Brüder haben die Buchstaben A und B vom Vater, da ja im Symbol der Mutter kein A und kein B vorkommt. Der Vater ist also AB; die Kinder von Eltern mit AB und 00 können nur A0 oder B0 haben, d. h. A oder B nach der Vereinfachungsregel. Die Schwester der beiden Brüder ist also entweder A oder B. Nach der Tabelle kann sie daher ihr Blut auf den einen Bruder übertragen, nicht aber auch auf den anderen. Niemand in der Familie kann das Blut des Vaters empfangen, das der Mutter hingegen können alle aufnehmen.

73. Die primäre Teilung eines Rechtecks in zwei Teile ist offensichtlich (Abb. 99).

Wir betrachten jetzt eine primäre Teilung in mehr als zwei Teile; jede Seite des Rechtecks muß von einer Trennungslinie geschnitten werden. Dann ist beispielsweise die Konfiguration der Abbildung 100 keine primäre Teilung, wenn

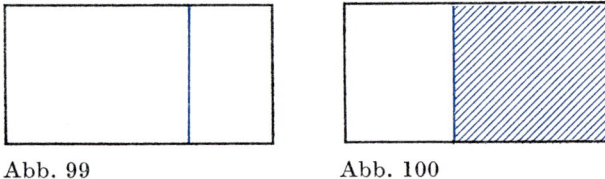

Abb. 99   Abb. 100

die vertikale Trennungslinie den restlichen Teil des Rechtecks von dem kleineren Rechteck zur Linken scheidet, in dem keine Trennungslinie verläuft, während der farbige rechte Teil in beliebiger Weise zerlegt werden kann.

Aus dieser Bemerkung folgt, daß es keine primären Teilungen in drei Teile gibt (Abb. 101), denn bei jeder Dreiteilung eines Rechtecks würde wenigstens eine Seite des Rechtecks nicht von den Trennungslinien geschnitten werden; demzufolge wäre die Teilung nicht primär. Wie außerdem zu sehen ist, gibt es keine primären Teilungen in vier Teile.

Die primäre Teilung eines Rechtecks in fünf Teile ist offenbar möglich (Abb. 102). Ebenso besteht die Möglichkeit, ein Rechteck in sieben und mehr Teile primär zu zerlegen. Allerdings tritt hierbei die Schwierigkeit auf, daß es mehrere Möglichkeiten für die primäre Teilung in dieselbe Anzahl von Teilen gibt. So sind zum Beispiel in Abbildung 103

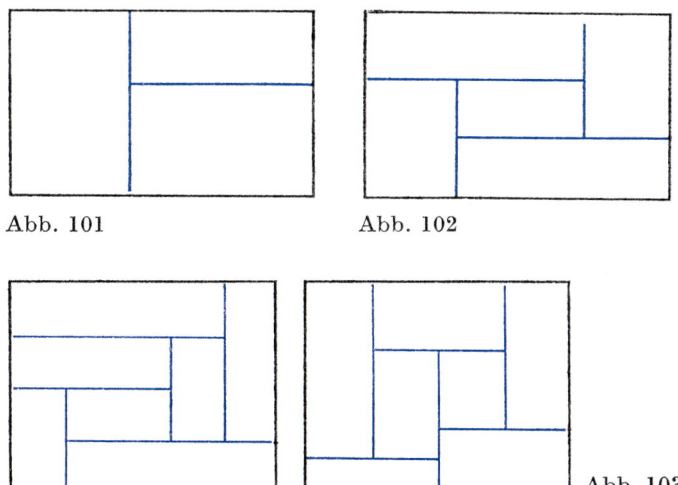

Abb. 101   Abb. 102

Abb. 103

zwei verschiedene primäre Teilungen in sieben Teile dargestellt, und Abbildung 104 zeigt vier verschiedene primäre
Teilungen in acht Teile.

Wir wenden uns jetzt der Lösung der drei gestellten Aufgaben zu, d. h. den primären Teilungen in flächengleiche
Stücke.

1. Primäre Teilung in fünf gleiche Teile. Gegeben sei ein
Quadrat mit der Seitenlänge 1. Wir wollen annehmen, das
Quadrat sei in fünf gleiche Stücke primär geteilt worden
(Abb. 105). Wir beschränken uns auf die Untersuchung
einer symmetrischen Zerlegung. Es sei x die Seite des mitt-
leren Quadrats. Dann ist

$$x^2 = \frac{1}{5} \text{ oder } x = \frac{1}{\sqrt{5}} = \frac{1}{5}\sqrt{5}.$$

Die Seitenlängen der vier Rechtecke sind daher gleich

$$\frac{5 - \sqrt{5}}{10} \text{ und } \frac{5 + \sqrt{5}}{10}.$$

2. Primäre Teilung in sieben gleiche Teile. Wie vorhin betrachten wir ein Quadrat mit der Seitenlänge 1 und nehmen
an, wir hätten es in sieben gleiche Teile primär geteilt, so wie

143

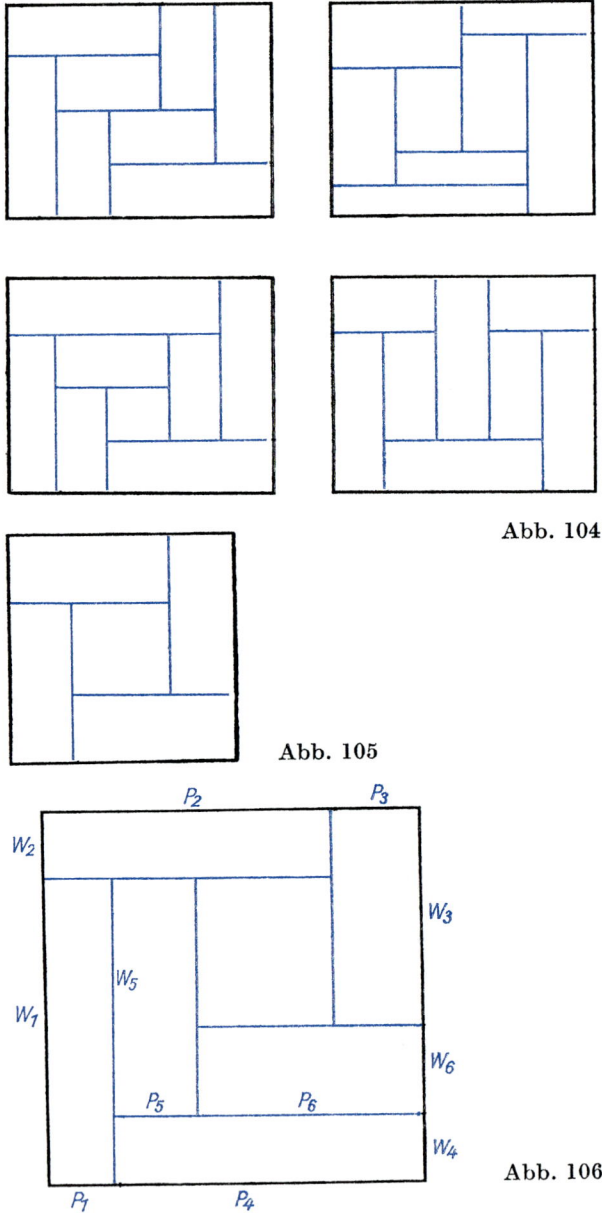

Abb. 104

Abb. 105

Abb. 106

es in Abbildung 106 dargestellt ist. Die Seiten der Rechtecke bezeichnen wir auf die in der Abbildung angegebene Weise.

Es sei $w_1 = x$. Dann ist $p_1 = \dfrac{1}{7\,x}$, und nacheinander ergibt sich

$$w_2 = 1 - x, \quad p_2 = \frac{1}{7\,(1 - x)},$$

$$p_3 = 1 - p_2 = 1 - \frac{1}{7\,(1 - x)} = \frac{6 - 7\,x}{7\,(1 - x)},$$

$$w_3 = \frac{1 - x}{6 - 7\,x}, \quad p_4 = 1 - p_1 = 1 - \frac{1}{7\,x} = \frac{7\,x - 1}{7\,x},$$

$$w_4 = \frac{x}{7\,x - 1},$$

$$w_5 = w_1 - w_4 = x - \frac{x}{7\,x - 1} = \frac{x\,(7\,x - 2)}{7\,x - 1},$$

$$p_5 = \frac{7\,x - 1}{7\,x\,(7\,x - 2)},$$

$$p_6 = p_4 - p_5 = \frac{7\,x - 1}{7\,x} - \frac{7\,x - 1}{7\,x\,(7\,x - 2)} =$$

$$= \frac{(7\,x - 1)\,(7\,x - 3)}{7\,x\,(7\,x - 2)}, \quad w_6 = \frac{x\,(7\,x - 2)}{(7\,x - 1)\,(7\,x - 3)}.$$

Da $w_3 + w_4 + w_6 = 1$ ist, finden wir

$$\frac{1 - x}{6 - 7\,x} + \frac{x}{7\,x - 1} + \frac{x\,(7\,x - 2)}{(7\,x - 1)\,(7\,x - 3)},$$

woraus sich nach einer einfachen Umrechnung die Gleichung

$$196\,x^3 - 294\,x^2 + 128\,x - 15 = 0$$

ergibt.

Eine Wurzel dieser Gleichung ist $x = \dfrac{1}{2}$. Sie ist aber keine Lösung des Problems; denn für $x = \dfrac{1}{2}$ erhalten wir $w_1 = w_2$

und $p_1 = p_2$: Die Teilung ist in diesem Falle nicht primär. Die anderen Wurzeln dieser Gleichung sind

$$\frac{7 + \sqrt{19}}{14} \quad \text{und} \quad \frac{7 - \sqrt{19}}{14}.$$

Der Aufgabenstellung zufolge muß $x > \dfrac{3}{7} = \dfrac{6}{14}$ sein; anderenfalls wäre p_6 negativ. Also kommt nur die Zahl $\dfrac{7 + \sqrt{19}}{14}$ als Lösung in Frage. Die dieser Lösung entsprechende Zerlegung des Quadrats ist in Abbildung 107 angegeben.

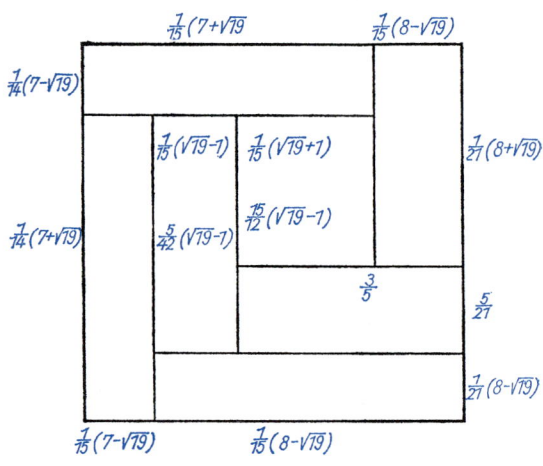

Abb. 107

Man kann zeigen, daß es keine primären Teilungen in sieben gleiche Stücke von der in Abbildung 103, rechts, dargestellten Art gibt. Es ist jedoch möglich, daß es primäre Teilungen in sieben gleiche Teile eines anderen Typus gibt.

3. *Primäre Teilung in acht gleiche Teile.* Wir wollen annehmen, ein Quadrat mit der Seitenlänge 1 ließe sich in symmetrischer Weise so zerlegen, wie es Abbildung 108 zeigt.

Dann ist der Flächeninhalt eines jeden Rechtecks gleich $\dfrac{1}{8}$.

Auf Grund der Symmetrie ist $w_2 = \dfrac{1}{2}$, also $p_2 = \dfrac{1}{4}$.

Wir setzen $w_1 = x$; damit ergibt sich

$$p_1 = \frac{1}{8\,x},$$

$$w_3 = 1 - x, \quad p_3 = \frac{1}{8\,(1-x)},$$

$$w_4 = x - \frac{1}{2}, \quad p_4 = \frac{1}{8\left(x - \dfrac{1}{2}\right)};$$

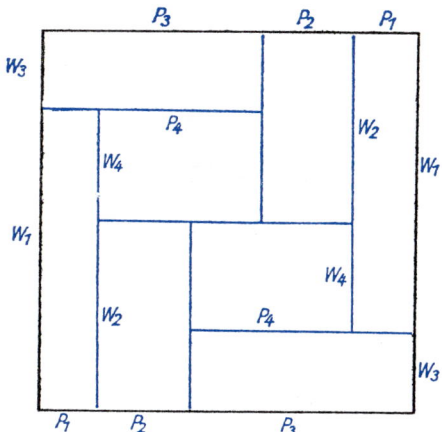

Abb. 108

da aber

$$p_4 = p_3 - p_1$$

ist, folgt

$$\frac{1}{8\left(x - \dfrac{1}{2}\right)} = \frac{1}{8\,(1-x)} - \frac{1}{8\,x};$$

hieraus ergibt sich

$$x\,(1-x) = x\left(x - \frac{1}{2}\right) - \left(x - \frac{1}{2}\right)(1-x).$$

147

Nach leichter Umrechnung kommen wir zu der Gleichung

$$6\,x^2 - 6\,x + 1 = 0.$$

Die Wurzeln dieser Gleichung sind

$$x_1 = \frac{3 - \sqrt{3}}{6} \quad \text{und} \quad x_2 = \frac{3 + \sqrt{3}}{6},$$

da $x > \dfrac{1}{2}$ sein muß, ist nur x_2 die gesuchte Lösung.

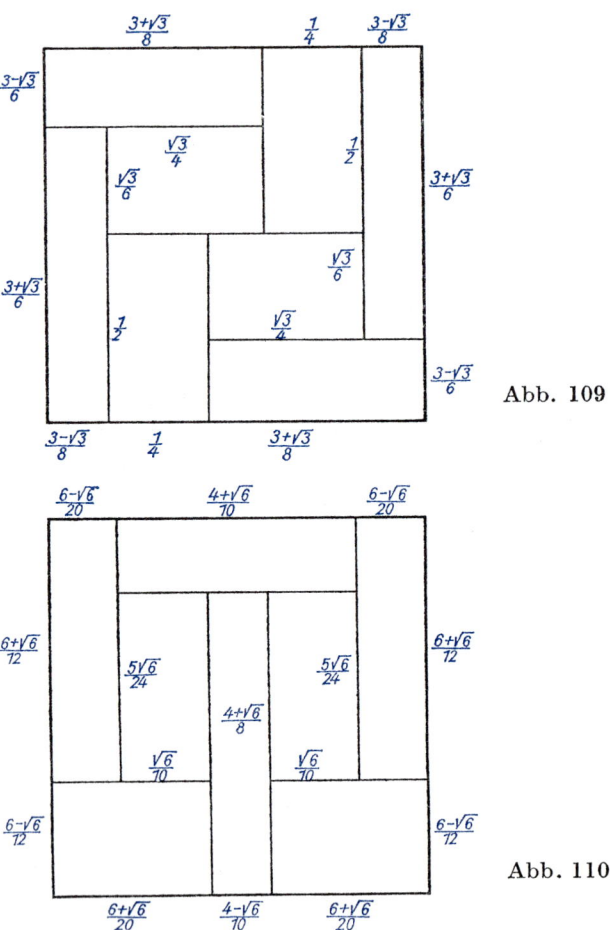

Abb. 109

Abb. 110

In Abbildung 109 ist die primäre Teilung eines Quadrats in acht gleiche Teile dargestellt, die dieser Lösung entspricht, und es sind die Maße der einzelnen Rechtecke eingetragen. Neben der oben angegebenen Lösung gibt es noch eine andere, die in Abbildung 110 wiedergegeben ist; man gelangt zu dieser Lösung analog wie oben.

74. . Wie der Abbildung 111 zu entnehmen ist, gibt es drei mögliche Arten dieser Eisenbahnnetze.

1) Im ersten Falle kann jede Stadt ein Knotenpunkt sein, in dem vier Linien zusammenlaufen. Es gibt also fünf Netze dieser Art.

2) Im zweiten Falle ist eine Stadt ein Knotenpunkt, in der nur drei Linien sich treffen. Sie kann auf vier Arten mit drei anderen Städten verbunden werden (die Anzahl der Kombinationen von vier Gegenständen zu je drei). Jedesmal kann die fünfte Stadt mit einer der drei Städte verbunden werden, die mit der ersten in Verbindung stehen. Es gibt also $4 \cdot 3 = 12$ Möglichkeiten. Da jede der fünf Städte als Knotenpunkt gewählt werden kann, gibt es insgesamt $5 \cdot 12 = 60$ Netze der betrachteten Art.

3) Im dritten Falle treffen niemals drei Linien in einer Stadt zusammen. Jeder Permutation der fünf Städte entspricht ein mögliches Netz, d. h., es gibt hier so viele Netze, wie es Permutationen von fünf Gegenständen gibt, also $5! = 120$.

Nun ergeben aber zwei derselben Stadt entsprechende Permutationen in entgegengesetzter Richtung dasselbe Netz, so daß es insgesamt $120 : 2 = 60$ verschiedene Netze gibt. Es gibt also insgesamt $5 + 60 + 60 = 125$ Möglichkeiten, die Städte auf die verlangte Art zu verbinden.

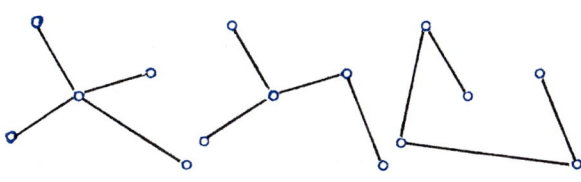

Abb. 111

75. 1) Unter allen Dreiecken von gegebener Grundlinie und Höhe besitzt das gleichschenklige Dreieck den kleinsten Umfang. Zum Beweis sei darauf hingewiesen, daß der Punkt P (Abb. 112), der auf der durch den Punkt M gehenden Tangente an eine Ellipse liegt (deren Brennpunkte K und L sind), außerhalb dieser Ellipse liegt. Es ist also

$$KP + PL > KM + ML.$$

2) Aus der oben angestellten Überlegung folgt, daß, wenn K, L, M die Ecken des gleichschenkligen Dreiecks mit der Grundlinie $KL = 2\,p$ und der Höhe $MO = h$ sind (Abb. 113), das Netz $KS + LS + MS$ kürzer ist als das Netz $KP + LP + MP$.

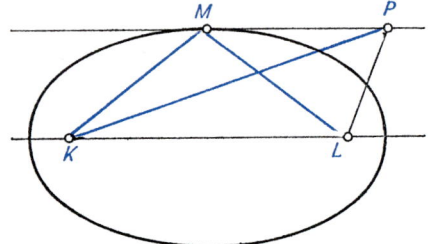

Abb. 112

3) Wir setzen (Abb. 113) $OS = x$ und nennen m die Länge des Netzes $KS + LS + MS$. Dann ist

$$2\,\sqrt{p^2 + x^2} + h - x = m;$$

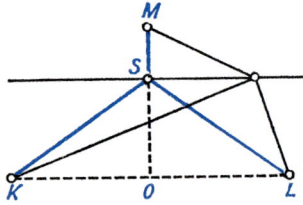

Abb. 113

hieraus folgt

$$3\,x^2 - 2\,(m - h)\,x + 4\,p^2 - (m - h)^2 = 0.$$

Wir bestimmen die Diskriminante dieser quadratischen Gleichung und stellen fest, daß der Ausdruck

$$(m - h)^2 - 3\,p^2 \geq 0 \text{ sein muß.}$$

150

Daraus ergibt sich für m die Einschränkung

$$m \geq h + p\sqrt{3},$$

und der kleinste Wert von m ergibt sich für

$$x = \frac{m - h}{3} = \frac{p\sqrt{3}}{3},$$

was eintritt, wenn der Winkel OKS gleich 30° ist.

4) Wenn die Städte A, B, C, D durch ein Netz ohne Knotenpunkte verbunden sind, dann ist der kürzeste Weg der in Abbildung 114 dargestellte (bzw. einer der drei anderen, die daraus durch Drehung um 90°, 180° oder 270° folgen).
Die Länge einer derartigen Verbindung beträgt 300 km.

5) Wir wollen annehmen, die Städte A, B, C, D seien über ein Netz mit einem Knotenpunkt S verbunden. S muß mit wenigstens drei der Städte A, B, C, D verbunden sein. Andernfalls erhielten wir, indem wir die durch den Knotenpunkt gehende Strecke begradigen, ein kürzeres Netz.

Der Knotenpunkt S sei mit den Städten A, B, C verbunden (Abb. 115). Dann kann die Stadt D entweder mit A oder C oder mit S verbunden sein.

Im ersten Falle ist nach dem unter Punkt 2 und 3 Gesagten ($p = h = 50\sqrt{2}$ km) die Länge des kürzesten Netzes gleich

$$100 + 50\sqrt{2}\,(1 + \sqrt{3})\ \text{km} \approx 293{,}2\ \text{km}.$$

Im zweiten Falle ergibt sich nach Punkt 1, daß das Netz am kürzesten wird, wenn S auf den Mittelsenkrechten der Seiten AB und BC des Quadrats liegt, d. h., wenn S der Mittelpunkt des Quadrats ist. Dann ist die Gesamtlänge des Netzes gleich

$$2 \cdot 100\sqrt{2}\ \text{km} \approx 282{,}8\ \text{km}.$$

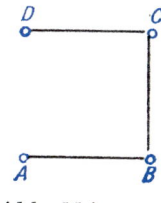

Abb. 114

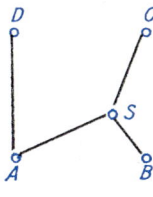

Abb. 115

6) Wir wollen annehmen, die Städte A, B, C, D seien durch ein Eisenbahnnetz mit zwei Knotenpunkten S_1 und S_2 verbunden. Der Knotenpunkt S_1 muß mit mindestens dreien der Punkte A, B, C, D und S_2 verbunden sein, da sich sonst bei der Begradigung des durch den Knotenpunkt führenden Weges ein kürzeres Netz ergäbe.

S_1 sei mit den Städten A, B und dem Punkt S_2 verbunden. Dann gibt es Verbindungen zwischen S_2 und den Städten C, D; das entsprechende Netz hat die in Abbildung 116 ge-

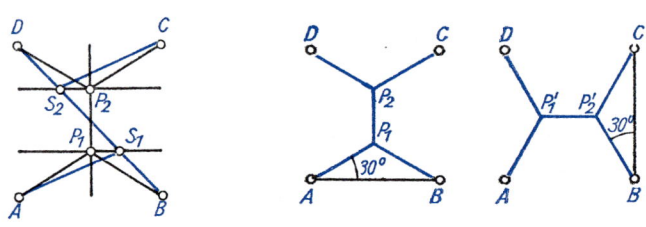

Abb. 116　　　　　　　Abb. 117

zeigte Gestalt. Wenn die Punkte S_1 und S_2 nicht auf der Mittelsenkrechten der Quadratseite AB liegen, dann ist das Netz mit den Knotenpunkten S_1 und S_2 (nach Punkt 1) länger als das Netz mit den Knotenpunkten P_1 und P_2. Dieses Netz wird folglich am kürzesten sein, wenn P_1 und P_2 in bezug auf den Mittelpunkt des Quadrats symmetrisch liegen, so daß $\sphericalangle P_1AB = \sphericalangle P_2CD = 30°$ ist. Die Gesamtlänge des Netzes ist daher (vgl. 3), wenn $p = h = 50$:

$$100 \, (1 + \sqrt{3}) \, \text{km} \approx 273,2 \, \text{km}.$$

7) Wenn es mehr als zwei Knotenpunkte gibt, wächst die Länge des Netzes. Deshalb ist die Länge des kürzesten, die Städte A, B, C, D verbindenden Netzes gleich

$$100 \, (1 + \sqrt{3}) \, \text{km} \approx 273,2 \, \text{km}.$$

Es kann auf zwei Arten realisiert werden, wie Abbildung 117 zeigt.

V. Schnelligkeit und Überlegung

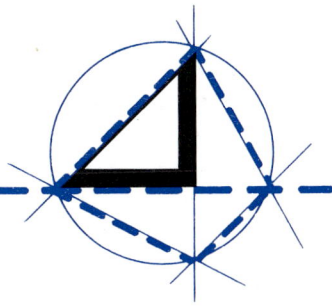

76. Insgesamt gehören 25 Schüler zu der Klasse. Da 6 Schüler schlechte Noten in Mathematik haben, haben 19 mindestens die Note befriedigend, daher ist die Anzahl der Sportler nicht größer als 19. Jeden Schüler, der eine Sportart betreibt, zählen wir als „einen Punkt" für die Klasse. Die Klasse hat also insgesamt $17 + 13 + 8 = 38$ Punkte. Da kein Schüler alle drei Sportarten ausübt, ergibt sich auf Grund der vorhergehenden Bemerkung, daß es genau 19 Sportler in der Klasse gibt, von denen jeder zwei Sportarten ausübt. Die beiden Fragen sind jetzt leicht beantwortet.

a) Kein Schüler hat im Fach Mathematik die Note sehr gut.

b) Von den 19 Sportlern sind 17 Radfahrer; daher gibt es nur zwei Schüler, die Ski laufen und schwimmen können.

77. Wir betrachten drei Läufe. Im ersten Lauf ist die Reihenfolge der drei Läufer im Ziel A, B, C. Im zweiten Lauf ist sie B, C, A und im dritten C, A, B. Somit hat A den Läufer B zweimal geschlagen, und B hat A nur einmal hinter sich gelassen; C hat A in zwei der drei Läufe besiegt, und B schlug C bei zwei Läufen.

Frage: Ist es möglich, bei mindestens drei von vier Läufen, d. h. in wenigstens 75 Prozent der Fälle, zu derartigen Ergebnissen zu gelangen?

78. Es ist unmöglich, daß alle Klubmitglieder zur selben Spielklasse gehören, d. h. alle dieselbe Anzahl von Siegen erzielt haben, da die Anzahl der Partien (45) nicht durch 10 teilbar ist.

Ebenso ist es unmöglich, daß sie in neun Klassen zerfallen.

Gäbe es nämlich neun Klassen, dann gehörten zwei Spieler zu einer Klasse, und zu jeder der acht anderen gehörte ein Spieler, was der Problemstellung widerspricht. Zum Beweis geben wir jedem Spieler für jede gewonnene Partie einen Punkt. Die neun Spieler, die neun Klassen vertreten, können zusammen weder $0 + 1 + \cdots + 8 = 36$, noch $1 + 2 + \cdots + 9 = 45$ Punkte haben, denn dann hätte der zehnte Spieler 9 bzw. 0 Punkte, und das ergäbe jeweils 10 Klassen. Diese neun Spieler können aber auch nicht
$$0 + 1 + \cdots + (i - 1) + (i + 1) + \cdots + 9 = 45 - i$$

Einteilung in 7 Klassen

	A	B	C	D	E	F	G	H	I	J
A		1	1	1	1	1	1	1	1	1
B	0		1	1	1	1	1	1	1	1
C	0	0		1	1	1	1	1	1	1
D	0	0	0		1	1	1	1	1	1
E	0	0	0	0		0	1	1	1	1
F	0	0	0	0	1		0	1	0	1
G	0	0	0	0	0	1		0	1	0
H	0	0	0	0	0	0	1		0	1
I	0	0	0	0	0	1	0	1		0
J	0	0	0	0	0	0	1	0	1	

Einteilung in 3 Klassen

	A	B	C	D	E	F	G	H	I	J
A		1	0	1	1	1	1	1	1	0
B	0		1	1	1	1	1	1	1	0
C	1	0		0	1	1	1	1	1	1
D	0	0	1		1	1	1	1	1	1
E	0	0	0	0		1	0	0	1	1
F	0	0	0	0	0		0	1	1	1
G	0	0	0	0	1	1		0	0	1
H	0	0	0	0	1	0	1		0	1
I	0	0	0	0	0	0	1	1		1
J	1	1	0	0	0	0	0	0	0	

Punkte haben, weil dann der letzte Spieler i Punkte besitzen müßte, was wieder zehn Klassen ergäbe.

Die Spieler können jedoch in 10, 8, 7, 6, 5, 4, 3 und 2 Klassen eingeteilt werden.

Wir geben auf Seite 154 ein Beispiel für eine Aufteilung in sieben Klassen an, und ein Beispiel für eine Aufteilung in drei Klassen. Die Spieler werden mit Buchstaben bezeichnet; die Ziffer 1 an der Schnittstelle der Zeile i mit der Spalte k besagt, daß der Spieler aus der Zeile i den Spieler aus der Spalte k geschlagen hat, und die Ziffer 0 bedeutet, daß er die Partie verloren hat.

Wir überlassen es dem Leser, Beispiele für Aufteilungen in 10, 8, 6, 5, 4 und 2 Klassen zu finden.

79. Mit vollständiger Induktion beweisen wir zuerst, daß immer eine Mannschaft „Meister" wird. Dazu nehmen wir an, es spielten n Mannschaften in der Liga. Wir versammeln die Kapitäne aller Mannschaften in einem Zimmer und fordern einen von ihnen (wir nennen ihn K) auf, mit den Kapitänen aller von seiner Mannschaft direkt geschlagenen Mannschaften das Zimmer zu verlassen. Dann bleiben noch n' Kapitäne im Zimmer, und es ist $n' < n$. Wenn unsere Behauptung für alle n' kleiner als n richtig ist, dann ist der Kapitän der Mannschaft im Zimmer, die Meister wäre, wenn es nur die Mannschaften gäbe, deren Kapitäne das Zimmer nicht verlassen haben. Da er im Zimmer geblieben ist, hat er K direkt geschlagen, und indirekt alle die Mannschaften, die zusammen mit K das Zimmer verlassen haben. Seine Mannschaft ist also von den n Mannschaften der Meister; das wollten wir beweisen.

Ebenso einfach ist die Frage 2) beantwortet. Wir bezeichnen die Mannschaften mit $D_1, D_2, \ldots, D_n$. Es sei D_1 die Mannschaft mit der größten Anzahl direkter Siege. $D_2, \ldots, D_m$ seien die von D_1 direkt geschlagenen Mannschaften. Es muß gezeigt werden, daß D_1 die Mannschaften $D_{m+1}, \ldots, D_n$ indirekt geschlagen hat. Nehmen wir an, das wäre nicht der Fall, d. h., es gäbe eine Mannschaft, D_{m+1}, die von keiner der Mannschaften $D_2, D_3, \ldots, D_m$ direkt geschlagen worden wäre. Daraus folgt, daß D_{m+1} die Mannschaften $D_2, D_3, \ldots, D_m$ direkt geschlagen hat. Da D_1 die Mannschaft D_{m+1} nicht direkt geschlagen hat, schlug D_{m+1} also D_1; daher schlug D_{m+1} direkt $D_1, D_2, \ldots, D_m$, d. h. mehr Mannschaften als D_1, was unserer Annahme über D_1 widerspricht. Der so erhaltene Widerspruch beweist 2).

80. Die Frage ist folgendermaßen zu verstehen: In dem beschriebenen Wettkampfsystem kann es passieren, daß die Mannschaft, der eigentlich der zweite Platz zukommt, d. h., die nach dem Meister die größte Spielstärke hat, schon vor dem Endspiel durch die stärkste Mannschaft geschlagen wurde, d. h. im Falle von acht Teilnehmern im Viertelfinale oder im Halbfinale. Dann erreicht eine Mannschaft das Finale, ohne das verdient zu haben. Bei acht Teilnehmern kann das nur dann eintreten, wenn die Mannschaft mit der zweitgrößten Spielstärke in einer Vierergruppe mit dem Meister spielt. Es sei C der Meister, D die zweitstärkste Mannschaft. Da es in der Gruppe von C drei Plätze gibt, die D durch das Los ziehen könnte, sind von den insgesamt sieben möglichen Plätzen für D drei nachteilig. Die Wahrscheinlichkeit dafür, daß D den zweiten Platz in dem Turnier erringt, ist also $4/7 = 0{,}5714\ldots$, d. h. etwas größer als 57 Prozent.

81. Wir benutzen folgende aus der analytischen Geometrie bekannte Eigenschaft: Die Tangente an eine Ellipse in einem beliebigen Punkt bildet gleiche Winkel mit den Ge-

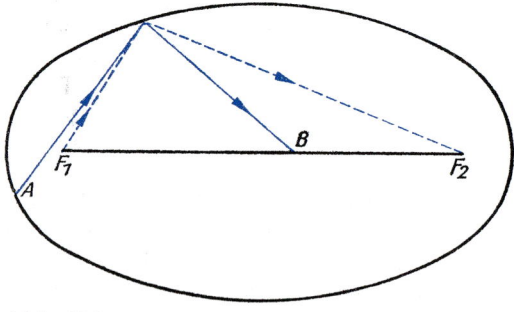

Abb. 118

raden, die diesen Punkt mit den Brennpunkten der Ellipse verbinden. Stößt man eine in F_1 liegende Kugel gegen die Bande, so läuft sie durch F_2 zurück. Der Weg der Kugel ist in Abbildung 118 gestrichelt gezeichnet. Wenn die Aufgabe eine Lösung besäße, dann würde diese, wie es die Abbildung zeigt, dem Reflexionsgesetz widersprechen: Der Einfallswinkel wäre größer als der Ausfallswinkel.

82. Ein zu einem weißen Feld benachbartes Feld ist schwarz, und umgekehrt. Auf einem Schachbrett mit einer ungeraden Anzahl von Feldern ist die Anzahl der weißen Felder von der Anzahl der schwarzen Felder verschieden. Die Antwort auf die im Problem gestellte Frage lautet also „Nein".

83. Die Antwort auf diese Frage ist „Nein". Keine Figur besetzt ein anderes Feld. Hierbei ist es gleichgültig, ob wir nur solche Felder als benachbart ansehen, die eine Seite gemeinsam haben, oder auch solche, die nur eine Ecke gemeinsam haben. Allerdings müssen wir im zweiten Falle voraussetzen, daß das (quadratische) Schachbrett aus mehr als vier Feldern besteht. In beiden Fällen kann der Beweis folgendermaßen geführt werden:

Es sei (i, k) das Feld, das an der Schnittstelle der i-ten Reihe und der k-ten Spalte liegt. Das Schachbrett hat n^2 Felder $(n \geq 2)$. Mit $F(i, k)$ bezeichnen wir das Feld, auf das die vorher auf dem Feld (i, k) stehende Figur gesetzt worden ist.

Unter der Voraussetzung, daß $F(1, 1) = (1, 1)$, $F(n, 1) = (n, 1)$ ist und daß die vorgenommene Transformation F die „Nachbarschaft" der Felder erhält, haben wir also zu beweisen, daß

$$F(i, k) = (i, k) \text{ für } i = 1, 2, \ldots, n; \ k = 1, 2, \ldots, n$$

gilt.

Man sieht unmittelbar, daß die Anzahl der zu einem gegebenen Feld benachbarten Felder für ein Eckfeld kleiner ist als für die anderen Randfelder und daß diese Zahl für ein Randfeld kleiner ist als für Innenfelder. Da nach der Wiederaufstellung keine Figur weniger Nachbarn haben kann als vorher, liegt mit einem Feld (i, k) zugleich $F(i, k)$ entweder im Inneren, am Rande oder in einer Ecke.

Nun ist $(1, 1), (2, 1), \ldots, (n, 1)$ eine Folge von zueinander benachbarten Randfeldern; daher muß die Folge $F(1, 1)$, $F(2, 1), \ldots, F(n, 1)$ dieselbe Eigenschaft besitzen. Es ist aber $F(1, 1) = (1, 1)$, und dieses Feld ist (wenn $n \geq 2$) nur zu den Feldern $(1, 2)$ und $(2, 1)$ benachbart. Also kann $F(2, 1)$ nur eins von diesen beiden Feldern sein. Wir wollen die beiden Möglichkeiten einzeln untersuchen.

a) $F(2, 1) = (1, 2)$; in diesem Falle kann $F(3, 1)$ als zu $F(2, 1)$, d. h. zu $(1, 2)$ benachbartes Randfeld, das von $(1, 1)$ verschieden ist, nur das Feld $(1, 3)$ sein. Ebenso ergibt sich $F(4, 1) = (1, 4)$, usw. ... Schließlich gelangen wir dahin, daß $F(n, 1) = (1, n)$ ist, was der Voraussetzung $F(n, 1) = (n, 1)$ widerspricht. Folglich ist dieser Fall ausgeschlossen, und es liegt der Fall b) vor.

b) $F(2, 1) = (2, 1)$; eine analoge Überlegung wie oben zeigt, daß

$$F(3, 1) = (3, 1), F(4, 1) = (4, 1), \ldots, F(n, 1) = (n, 1)$$

ist, d. h., die Figuren in der ersten Spalte nehmen ihre alten Plätze ein.

Aus den Gleichungen $F(i, 1) = (i, 1)$ $(i = 1, 2, \ldots, n)$ folgt

$$F(i, 2) = (i, 2), \quad (i = 1, 2, \ldots, n).$$

In der Tat ist das Feld $F(1, 2)$ ein zu $(1, 1)$ benachbartes und von $(2, 1)$ verschiedenes Randfeld; daher ist $F(1, 2) = (1, 2)$; das Feld $F(2, 2)$ ist dann gleich $(2, 2)$, denn $F(2, 2)$ ist zu $F(2, 1)$ und zu $F(1, 2)$, d. h. zu $(2, 1)$ und zu $(1, 2)$ benachbart, sowie von $(1, 1)$ verschieden usw.

Genau so überzeugt man sich davon, daß auch für die anderen Spalten auf dem Schachbrett $F(i, k) = (i, k)$ gilt.

Verallgemeinerung. Ausgehend von dem oben gefundenen Ergebnis wollen wir nun allgemeiner die Transformationen des Schachbretts untersuchen, die einmal die Nachbarschaft der Felder erhalten und dabei verschiedenen Feldern verschiedene Felder zuordnen.

Derartige Transformationen sind zum Beispiel die identische Transformation (kurz Identität genannt, d. h. diejenige Transformation, die jedes Feld auf seinem Platz läßt), die Spiegelungen an jeder der vier Symmetrieachsen des Schachbrettes sowie die Drehungen um 90°, 180° und 270° um den Mittelpunkt des Schachbretts.

Wir zeigen, daß jede Transformation F der von uns betrachteten Art eine von den oben genannten acht Transformationen ist.

Es sei F eine von diesen Transformationen. Da, wie wir wissen, Eckfelder in Eckfelder transformiert werden, können nur die folgenden Fälle eintreten:

1. Die Transformation F läßt das Eckfeld $(1, 1)$ fest. Dann haben wir es mit einem der beiden folgenden Fälle zu tun:

1.1. Das Feld $(n, 1)$ bleibt an seinem Platz; die Transformation F ist dann, wie wir weiter oben gezeigt haben, die identische Transformation (die Identität).

1.2. Das Feld $(n, 1)$ geht in ein anderes Eckfeld über. Dieses kann nur das Feld $(1, n)$ sein. Das überlegt man sich ebenso, wie weiter oben gezeigt wurde. Man betrachtet dazu die Folge $F(1, 1)$, $F(2, 1)$, . . . , $F(n, 1)$. Wir führen nach der Transformation F noch die Spiegelung S_1 an der durch $(1, 1)$ und (n, n) gehenden Hauptdiagonalen durch. Auch das Produkt* $F \cdot S_1$ oder die Verknüpfung $F \cdot S_1$ ist eine Transformation von der betrachteten Art, die $(1, 1)$ und $(n, 1)$ fest läßt; es ist also die identische Transformation I:

$$F \cdot S_1 = I.$$

* Es seien A, B Transformationen einer gewissen Menge auf sich. Dann ist das Produkt $A \cdot B$ (besser die Verknüpfung $A \cdot B$) diejenige Transformation, die man erhält, wenn man zuerst die Transformation A ausführt und danach die Transformation B. Wenn A zum Beispiel die Spiegelung an einer Geraden (in der Ebene) ist, dann ist $A \cdot A$ oder A^2 die Identität. Sind A und B Spiegelungen an zwei sich schneidenden Geraden a und b, dann stellt die Verknüpfung $A \cdot B$ eine Drehung um den Schnittpunkt der beiden Geraden a und b dar; der Drehwinkel beträgt das Doppelte des von den Geraden eingeschlossenen Winkels. Wenn I die identische Transformation ist und A eine beliebige Transformation darstellt, dann ist $A \cdot I = I \cdot A = A$. Die Verknüpfung von Transformationen ist stets assoziativ, d. h., es gilt $(A \cdot B) \cdot C = A \cdot (B \cdot C)$.

Multiplizieren wir diese Gleichung von rechts mit S_1, so erhalten wir

$$(F \cdot S_1) \cdot S_1 = I \cdot S_1 \text{ oder } F \cdot S_1{}^2 = S_1;$$

da aber $S_1{}^2 = I$ ist, ergibt sich $F = S_1$.

Die Transformation F ist also in diesem Falle die Spiegelung an der Hauptdiagonalen des Schachbretts.

2. Das Feld $(1, 1)$ geht bei der Transformation F in (n, n) über. Es sei S_2 die Spiegelung an der zweiten Diagonalen des Schachbretts. S_2 transformiert das Feld (n, n) in das Feld $(1, 1)$. Die Transformation $F \cdot S_2$ läßt also $(1, 1)$ invariant, d. h. fest. Wie bei Fall 1 gibt es dann auch zwei Möglichkeiten: Das Produkt $F \cdot S_2$ ist die identische Transformation oder die Spiegelung S_1.

2.1. Falls $F \cdot S_2$ die identische Transformation ist, d. h., wenn

$$F \cdot S_2 = I$$

gilt, dann erhalten wir bei der Multiplikation dieser Gleichung mit S_2 von rechts

$$F = S_2,$$

d. h., F ist die Spiegelung an der Diagonalen des Schachbretts, die durch die Felder $(1, n)$ und $(n, 1)$ geht.

2.2. Falls $F \cdot S_2$ die Spiegelung S_1 ist, d. h., wenn

$$F \cdot S_2 = S_1$$

gilt, dann erhalten wir bei der Multiplikation dieser Gleichung mit S_2 von rechts:

$$F = S_1 \cdot S_2.$$

Die Transformation F ist in diesem Falle also die Drehung um 180° um den Mittelpunkt des Schachbretts, d. h. eine Punktspiegelung oder ebene Umwendung.

3. Das Feld $(1, 1)$ geht bei der Transformation F in $(n, 1)$ über. Dann läßt die Produkttransformation $F \cdot S_3$, wobei S_3 die Spiegelung an der horizontalen Symmetrieachse des Schachbretts bezeichnet, das Feld $(1, 1)$ fest, und es ergeben sich wieder zwei Möglichkeiten:

3.1. $F \cdot S_3 = I$, woraus $F = S_3$ folgt;

3.2. $F \cdot S_3 = S_1$, woraus bei rechtsseitiger Multiplikation mit S_3

$$F = S_1 \cdot S_3$$

folgt. Die Transformation F ist eine Drehung um 90° um den Mittelpunkt des Schachbretts.

4. Das Feld (1, 1) geht bei der Transformation F in (1, n) über. Es sei S_4 die Spiegelung an der vertikalen Symmetrieachse des Schachbretts; wieder ergeben sich zwei mögliche Fälle:

4.1. $F = S_4$;

4.2. $F = S_1 \cdot S_4$. Die Transformation F ist eine Drehung um 270° um den Mittelpunkt des Schachbretts.

Wir haben damit gezeigt, daß jede Transformation des Schachbretts, die benachbarte Felder in benachbarte Felder überführt, eine der acht Transformationen

$$I, \ S_1, \ S_2, \ S_3, \ S_4, \ S_1 \cdot S_2, \ S_1 \cdot S_3, \ S_1 \cdot S_4$$

ist. Diese Transformationen bilden, wie man in der Mathematik sagt, eine *Gruppe*.

Kehren wir wieder zu dem ursprünglichen Problem zurück, so können wir folgendes allgemeine Resultat formulieren: Wenn wir alle Figuren auf dem Schachbrett in einer Weise umsetzen, daß wenigstens eine nicht auf einer Symmetrieachse stehende Figur wieder auf ihren alten Platz kommt, dann nehmen alle Figuren ihre alten Felder ein.

84. Die fragliche Verteilung der Türme ist sicher dann möglich, wenn es eine Reihe gibt, in der nur ein Feld weiß ist (Abb. 119). Dann stellen wir nur einen Turm auf das Schachbrett, und zwar auf dieses Feld. Die Bedingungen 1) und 2) sind offensichtlich erfüllt; die Bedingung 3) ist erfüllt, da nur ein einziger Turm auf dem Brett steht; die Bedingung 4) ist erfüllt, da in der Reihe, in der sich der Turm befindet, keine weiteren, von Türmen nicht besetzten Felder vorkommen.

Wir wollen jetzt annehmen, es gebe in jeder Reihe mindestens zwei weiße Felder oder, was dasselbe ist, ein weißes

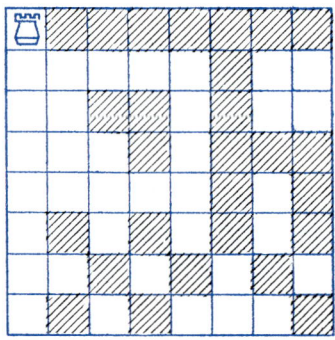

Abb. 119

Feld, das nicht in einer durch die Aufgabenstellung ausgezeichneten Spalte K liegt. Wir zeigen, daß es n weiße Felder gibt, von denen jedes in einer anderen Reihe und in einer anderen Spalte liegt (Abb. 120). Hierbei genügt es, denjenigen Fall zu untersuchen, daß auf dem Schachbrett soviel schwarze Felder wie möglich sind. In jeder Reihe liegen dann nur zwei weiße Felder (Abb. 121).

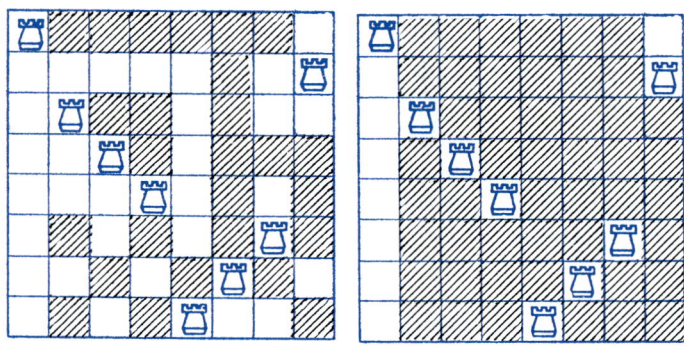

Abb. 120   Abb. 121

Mit $W_1, W_2, \ldots, W_n$ bezeichnen wir diejenigen Reihen des Schachbretts, zu denen kein in der Spalte K liegendes Feld gehört. Jede dieser Reihen besteht aus $n-1$ Feldern, von denen eins bestimmt weiß ist. Hieraus folgt, daß zwei Reihen beispielsweise die Reihen W_1 und W_2, gleich sind, d. h. ihre weißen Felder in einer Spalte liegen. Die Reihen $W_3, \ldots, W_n$ sind sowohl untereinander als auch von W_1

162

verschieden; anderenfalls bestünde eine Spalte ausschließlich aus schwarzen Feldern.

Das in der ersten Reihe von K liegende weiße Feld und die weißen Felder aus den Reihen $W_2, W_3, \ldots, W_n$ liegen in verschiedenen Reihen und Spalten des Schachbretts. Auf sie stellen wir die Türme. Eine derartige Verteilung entspricht den Bedingungen 1) bis 4), weil sich in jeder Reihe und in jeder Linie genau ein Turm befindet.

85. Wir tragen in der Abbildung 122 auf der horizontalen Geraden die beiden Wege ein: Nach links den zur Post, nach rechts den zum Nachbardorf. Auf der vertikalen Achse zeichnen wir die Zeit ab. Die Linien PO_1 und $OO'P_2$ stellen dann die Wegzeitkurven der Boten dar. Wenn der Radfahrer zuerst den früher losgegangenen Boten einholen will, entspricht sein Weg der Linie $KA_1B_1C_1D_1$; wenn er aber zuerst dem anderen Boten nachfährt, dann ist sein Weg die Linie $KA_2B_2C_2D_2$. Wie der Abbildung zu entnehmen ist, muß der Radfahrer die zweite Möglichkeit wählen. Dasselbe

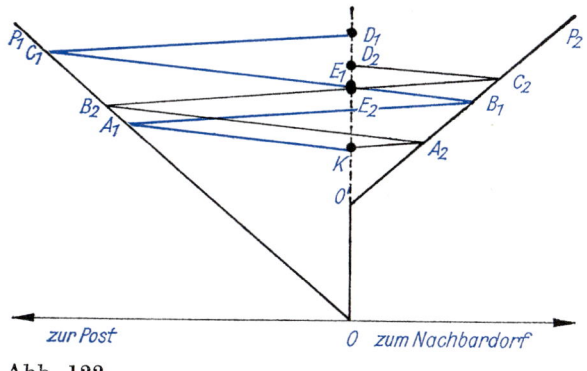

Abb. 122

gilt auch dann, wenn er den beiden Boten nur etwas, beispielsweise Geld, zu übergeben hat, d. h., wenn seine Fahrt in den Punkten E_1 bzw. E_2 beendet ist.

86. Da jeder Hund zu jedem Zeitpunkt in einer Richtung läuft, die zu der des ihn verfolgenden und zu der des von ihm verfolgten Hundes senkrecht ist, nähert sich jeder

Hund seinem Nachbarn mit einer Geschwindigkeit von 10 m/s und wird ihn nach 10 s einholen. Jeder Hund durchläuft also 100 m. In jedem Augenblick bilden die Hunde ein Quadrat Dieses. Quadrat dreht sich, während sein Flächeninhalt abnimmt, denn seine Seiten werden gleichmäßig mit der Geschwindigkeit 10 m/s kürzer. Die Wege laufen im Mittelpunkt des Anfangsquadrats zusammen. Sie ergeben Kurven (logarithmische Spiralen). Die Wege überschneiden sich vorher nicht. Wenn nämlich ein Hund den Weg eines anderen kreuzte, dann bedeutete das, der andere wäre vor ihm an dieser Stelle gewesen. Das ist aber unmöglich, da die Abstände der Hunde vom Mittelpunkt des Quadrats in gleicher Weise abnehmen.

87. Es sei α der in einem bestimmten Augenblick von der Richtung PQ und der Fahrtrichtung des Schiffes Q eingeschlossene Winkel (Abb. 123), und v sei die Geschwindig-

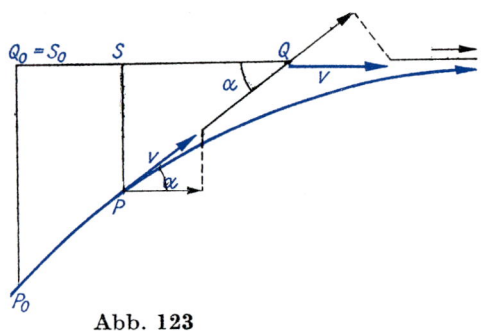

Abb. 123

keit von P und Q in diesem Augenblick. Die Annäherung der beiden Schiffe hängt von der Geschwindigkeit v ab, mit der P auf Q zufährt, und von der Komponente der Geschwindigkeit v von Q auf der Geraden PQ, d. h. von $v \cos \alpha$. Sowohl v als auch $v \cos \alpha$ ist positiv. Die Schiffe nähern sich einander also mit der Geschwindigkeit $v (1 - \cos \alpha)$.
Die Projektion S des Punktes P auf die Route von Q bewegt sich längs dieses Weges mit der Geschwindigkeit

$v \cos \alpha$, und Q entfernt sich mit der Geschwindigkeit v. Daher wächst der Abstand SQ mit der Geschwindigkeit $v (1 - \cos \alpha)$. Da der Abstand PQ, wie oben bemerkt wurde, mit derselben Geschwindigkeit abnimmt, ist die Summe $PQ + SQ$ konstant, d. h., sie beträgt 10 Meilen wie zu Beginn. Nach einer sehr langen Zeit wird P praktisch mit S zusammenfallen, und dann ist $PQ + SQ = 2\,PQ = 10$ Meilen, also $PQ = 5$ Meilen.

88. Es mögen P_1, P_2 und O_1, O_2 die Positionen der beiden Schiffe sein, einmal zu Beginn der Verfolgung (als das erste Schiff das zweite sichtete), und einmal in dem Augenblick, in dem ihr Abstand am kleinsten ist. Dann ist das erste Schiff auf geradem Wege von P_1 längs P_1O_2 nach O_1 gefahren (Abb. 124). Außerdem müssen die Komponenten der Geschwindigkeiten beider Schiffe auf O_1O_2 gleich sein, wenn der Abstand am kürzesten ist, d. h., es ist, wenn α den Kurs des ersten Schiffes bezeichnet,

$$v_1 = v_2 \sin \alpha ,$$

also $\sin \alpha = k$.

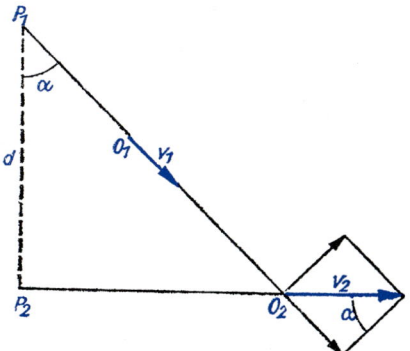

Abb. 124

Da die beiden Schiffe zum gleichen Zeitpunkt in O_1 und O_2 ankommen, ist

$$\frac{P_1O_1}{P_2O_2} = \frac{v_1}{v_2} = \sin \alpha ;$$

wegen $P_2O_2 = d \tan \alpha$, $P_1O_2 = \dfrac{d}{\cos \alpha}$

ist der gesuchte kürzeste Abstand gleich

$$O_1O_2 = P_1O_2 - P_1O_1 = \frac{d}{\cos\alpha} = \frac{d\sin^2\alpha}{\cos\alpha} =$$

$$= d\cos\alpha = d\sqrt{1-k^2}\,.$$

89. Wenn k dieselbe Bedeutung wie in der vorhergehenden Aufgabe hat, dann ist der Kurs des signalisierenden Schiffes durch den Winkel α bestimmt (Abb. 124), wobei

$$\sin\alpha = k = \frac{v_1}{v_2}$$

ist.

Wenn k dagegen das Verhältnis $\dfrac{v_2}{v_1}$ bezeichnet und der Kurs wieder durch $\sin\alpha = k$ bestimmt ist, dann treffen sich die Schiffe in O_2. Denn wegen

$$\frac{P_1O_1}{v_1} = \frac{P_2O_2}{v_2}$$

und

$$\frac{1}{v_1\cos\alpha} = \frac{\tan\alpha}{v_2}$$

gilt

$$\sin\alpha = \frac{v_2}{v_1} = k\,.$$

Der Kurs des ersten Schiffes ist also durch dieselbe Gleichung wie im vorigen Falle bestimmt.

90. Zu dem in der Aufgabe beschriebenen Zeitpunkt befindet sich das Küstenschutzboot in S und das Boot des Schmugglers in M (Abb. 125). Dieses fährt längs der Seiten MN und NW eines Quadrats. Auf der Strecke MN wird das Wachboot den Schmuggler nicht einholen, weil seine Geschwindigkeit dazu nicht ausreicht.
Es sei a die Länge der Quadratseiten und v die Geschwindigkeit des Küstenschutzbootes, so daß die des Schmuggler-

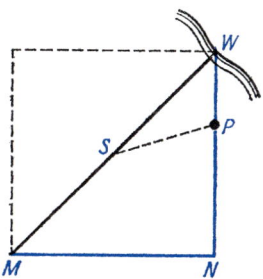

Abb. 125

bootes also $3\,v$ ist. Der auf der Strecke NW liegende Punkt P ist für den Schmuggler gefährlich, wenn ihn das Wachboot vor dem Schmuggler erreicht, d. h., wenn

$$\frac{MN + NP}{3\,v} \geqq \frac{SP}{v},$$

beziehungsweise

$$a + NP \geqq 3 \cdot SP \quad \text{oder} \quad (a + NP)^2 \geqq 9\,(SP)^2$$

ist. Wir betrachten das Dreieck SNP und benutzen den Kosinussatz

$$(SP)^2 = (NP)^2 + \frac{a^2}{2} - a \cdot NP.$$

Daher ist die obenstehende Ungleichung der folgenden quadratischen Ungleichung in NP äquivalent:

$$16\,(NP)^2 - 22\,a \cdot NP + 7\,a^2 \leqq 0.$$

Sie ist erfüllt für

$$\frac{a}{2} \leqq NP \leqq \frac{7\,a}{8};$$

der gefährliche Teil beträgt also $\dfrac{3}{16}$ der gesamten Fahrtstrecke. Die Gefahrenzone beginnt mit dem letzten Viertel der Fahrt und ist nach $\dfrac{15}{16}$ der Gesamtstrecke verlassen.

91.   Fährt das Schiff in Richtung der Winkelhalbierenden, so nähert es sich dabei um einen bestimmten Betrag dem Seezeichen A, aber gleichzeitig um denselben Betrag dem Zeichen B (Abb. 126). Betrachten wir die Differenz d der Entfernungen zu den Seezeichen SA und SB, so finden wir,

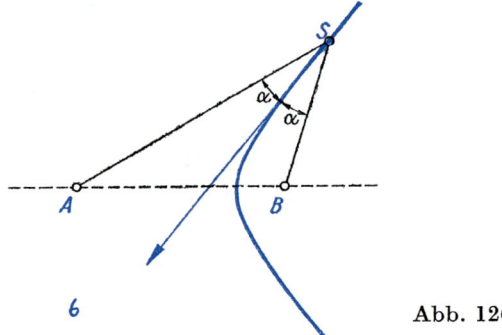

Abb. 126

der gewählte Weg hat die Eigenschaft, daß d konstant bleibt:

$$| \overline{SA} - \overline{SB} | = d = \text{const.}$$

Das ist aber gerade die Ortsdefinition der Hyperbel. Das Schiff fährt in Richtung der Tangente an die Hyperbel, also entlang eines Hyperbelbogens. Die beiden Seezeichen A und B sind die Brennpunkte der Hyperbel.

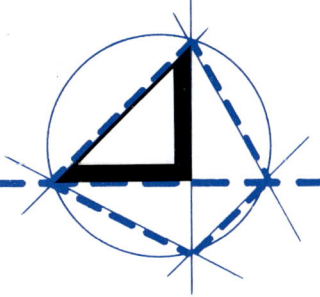

IV. Die mathematischen Abenteuer des Dr. Abrakadabra

92. Mit diesem neuen Zentimetermaß kann uns, wie mit jedem anderen, ein Meßfehler von 0,5 cm unterlaufen. Aber darauf wollen wir unsere Aufmerksamkeit nicht richten. Wenn man eine gewisse Länge AB zu messen hat, dann fällt das eine Ende B meistens zwischen zwei aufeinanderfolgende Zentimetermarkierungen. Mit dem neuen Maß (Abb. 127) schreiben wir AB die Länge N cm zu, wenn N

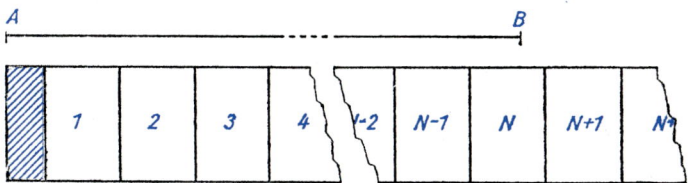

Abb. 127

die zwischen den beiden Zentimeterstrichen stehende Zahl ist. Benutzen wir eins der herkömmlichen Bandmaße, so müssen wir noch feststellen, ob B näher am linken oder näher am rechten Strich liegt. Beim Messen mit dem neuen Zentimetermaß gibt es nur einen Ausnahmefall, wenn nämlich B auf den N von $N + 1$ trennenden Strich fällt. Man nimmt dann

$$AB = \left(N + \frac{1}{2}\right) \text{ cm .}$$

93. Jeder Student notiert sich die Beträge, die er verliehen hat, mit einer positiven Zahl, und die Beträge, die er sich geborgt hat, mit einer negativen Zahl. Die Summe aller notierten Beträge ergibt am Jahresende für jeden Studenten eine positive oder eine negative Bilanz, wobei jedoch die Summe aller dieser Ergebnisse Null ist.

Diese Art der Buchführung reicht zur Begleichung der Schulden aus, und es werden höchstens sechs Zahlungen nötig. Dazu gehen wir folgendermaßen vor: Der Student mit den wenigsten Schulden bezahlt diese an den Studenten mit dem größten Guthaben. Nach dieser ersten Zahlung umfaßt die Gruppe der Gläubiger und Schuldner nur noch 6 Studenten, und nach 5 Zahlungen von dieser Art besteht diese Gruppe aus zwei Studenten. Mit 6 Zahlungen sind also alle Schulden beglichen. Es kann natürlich passieren, daß nach einer Zahlung ein Gläubiger zu einem Schuldner wird, doch ändert das nichts an der Zahl der Gläubiger und Schuldner.

94. Kein Wörterbuch enthält mehr als eine Million Wörter. Schlagen wir beispielsweise in einem Wörterbuch mit 500 Seiten die Seite 250 auf und fassen das letzte Wort dieser Seite ins Auge. Es sei etwa das Wort *Narzisse*. Die erste Frage lautet dann: Befindet sich das zu erratende Wort im Alphabet hinter dem Wort Narzisse? Ist die Antwort „ja", so schlagen wir die Seite 375 auf, ist sie „nein", die Seite 125, und betrachten wieder das letzte Wort auf der betreffenden Seite usw. Gelangt man zu einer „Seitenzahl", die keine ganze Zahl ist (etwa 62,5), so rundet man sie zur nächstgrößeren ganzen Zahl (63) auf. Nach neun solcher Fragen hat man die Seite gefunden, auf der das Wort steht. Sind die Seiten zweispaltig gedruckt, so gilt die zehnte Frage der Spalte. Eine Spalte hat höchstens 64 Wörter, so daß man das Wort nach 16 Fragen bestimmt hat.

In unserem Falle hat das Wörterbuch höchstens $128 \cdot 500 = 64\,000$ Wörter. Enthielte es 16mal soviel, also mehr als eine Million, so müßte man weitere 4 Fragen stellen ($2^4 = 16$). Das wären insgesamt 20 Fragen ($2^{20} = 1\,048\,576$). Dieses Verfahren beachtet die erste Spielregel, d. h. daß auf jede Frage die Antwort „ja" oder „nein" lautet, und stützt sich auf die zweite Spielregel, daß jede Antwort kategorisch sein muß, es sich also immer um eine einfache bestimmte Aussage handelt.

95. Die Entscheidung von Dr. Abrakadabra ist gerechtfertigt, wobei es sogar völlig gleichgültig ist, wo seine Wohnung liegt. In der Tat, Abbildung 128 zeigt, wie man von einem beliebigen Punkt aus alle Straßen der Stadt durchfahren und an diesen Punkt zurückkehren kann. Die Länge der kürzesten Fahrtstrecke ist um 16,7 Prozent größer als die Gesamtlänge der Straßen in der Stadt.

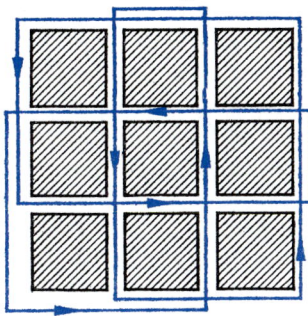

Abb. 128

96. Die fünf Städte Châlons, Vitry, Chaumont, Saint-Quentin und Reims bilden ein geschlossenes Fünfeck, dessen eine Seite (Chaumont — Saint-Quentin) die Summe der vier anderen ist (236 = 86 + 40 + 30 + 80). Das ist nur dann möglich, wenn die Ecken des Fünfecks auf einer Geraden liegen. Die Städte liegen in folgender Reihenfolge auf der Geraden: Saint-Quentin, Reims, Châlons, Vichy und Chaumont. Die Entfernung von Reims nach Chaumont beträgt also

$$40 + 30 + 80 = 150 \text{ km.}$$

97. Dr Abrakadabra hat recht. Zum Beweis nehmen wir das Gegenteil an, d. h. es gäbe einen Zeitpunkt, zu dem sich weniger als drei Kugeln in der rechten Hälfte befinden (Abb. 129). Nach Ablauf der Zeit, die eine Kugel braucht, um eine Drahtlänge zu durchlaufen, gelangen wir zu einer zur vorigen Verteilung der Kugeln symmetrischen Anordnung (Abb. 130). In der linken Hälfte des Rechenbretts wären weniger als drei Kugeln, also befänden sich in der rechten Hälfte mehr als sieben, was den Voraussetzungen aus der Aufgabe widerspricht.

171

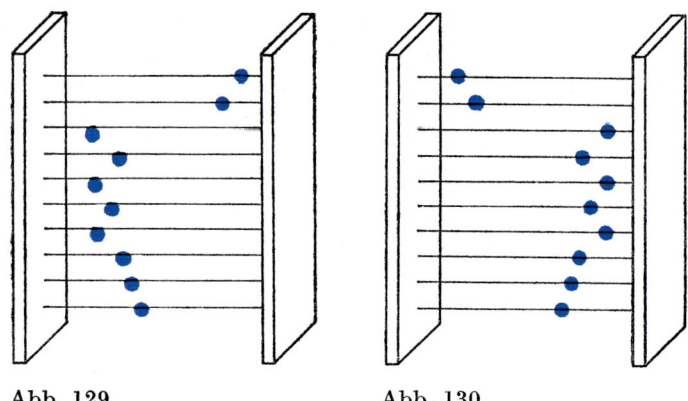

Abb. 129　　　　　　　Abb. 130

98.　　Die unterste Schicht zeigt Abbildung 131. Jede folgende Schicht erhalten wir, indem wir in der vorhergehenden die erste Spalte an den rechten Rand setzen. Man sieht unmittelbar, daß die in der Aufgabe gestellte Bedingung erfüllt ist.

weiß A1	gelb B2	grün C3	rot D4	blau E5
rot E2	blau A3	weiß B4	gelb C5	grün D1
gelb D3	grün E4	rot A5	blau B1	weiß C2
blau C4	weiß D5	gelb E1	grün A2	rot B3
grün B5	rot C1	blau D2	weiß E3	gelb A4

Abb. 131

99.　　Zu einer derartigen Gruppe kann man gelangen, indem man den zwölf Personen die Seitenflächen eines regelmäßigen Dodekaeders zuordnet. Dabei nimmt man dann an, daß jeder seine Nachbarn kennt, d. h. diejenigen, denen benachbarte Fünfecke entsprechen (zwei Fünfecke sind benachbart, wenn sie eine Kante gemeinsam haben). Die Bedingung f) ist erfüllt, da gegenüberliegende Seitenflächen keine benachbarten Seitenflächen gemeinsam haben.

Die von Dr. Abrakadabra erwähnte Gruppe läßt sich ebenfalls durch ein regelmäßiges Dodekaeder darstellen; nur muß jetzt die entgegengesetzte Regel angewandt werden: Jeder kennt keinen seiner Nachbarn, sondern alle anderen.

100.   Die geheimnisvolle Zahl ist die Zahl 1, die man auf folgende drei Arten schreiben kann:

1, 100% und 57°17′ 44,8″ (1 Radian, d. h. der Winkel, dessen Bogen gleich dem Radius ist).

INHALT